수학 갤러리

수학 프리즘×01

MATHEMATICS

이한진 지음

수학 갤러리

∞　　　　　　　　　　　　　∞

Pythagoras
$a^2 + b^2 = c^2$

피타고라스는 고대에 실용적인 문제 해결을 위한 원시 도구였으며 그 적용도 아주 좁았지만 수리 문제를 다룸에 있어, 이는 수학과 자연의 법칙을 기록했다. 수학을 실용적인 도구 이상으로 헤아리기 시작한 사람들은 세계에서 수많은 점들을 낱말과 모형을 얻은 고대 그리스인들이었다.

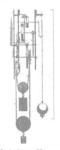

Christiaan Huygens
Pendulum Clock

Catenary
$y = A\cosh Bx = A(e^{Bx} + e^{-Bx})/2$

소수에서 미적분까지, 교양으로 읽는 수학 이야기

Soma Cube

Leonhard Euler
$e^{i\pi} = -1$

$$T_n = T_{n-1} + n(n+1)/2$$

같은 크기의 정육면체 3개 또는 4개를 변을 따라 붙여서 얻은 조각들을 적절한 방법을 궁리하여 쌓으면 큰 조각처럼 하나의 정육면체를 만들 수 있는데

1707년 스위스 바젤 인근 리헨의 칼뱅파 목사 가정에서 태어난 오일러의 수학 업적은 다방면에 걸쳐 방대한 영향을 끼쳤는데 이러한 업적들은 형태로 살펴 볼 수 있는데 용했다.

culture
ook

수학 프리즘×01

수학 갤러리
소수에서 미적분까지, 교양으로 읽는 수학 이야기

지은이 이한진
펴낸이 이리라

편집 이여진
본문 디자인 에디토리얼 렌즈
일러스트 이지영
표지 디자인 엄혜리

2019년 6월 30일 1판 1쇄 펴냄
2022년 6월 10일 1판 3쇄 펴냄

펴낸곳 컬처룩
등록번호 제2011 – 000149호
주소 03993 서울시 마포구 동교로 27길 12 씨티빌딩 302호
전화 02.322.7019 ∣ 팩스 070.8257.7019 ∣ culturelook@daum.net
culturelook.net

ISBN 979 – 11 – 85521 – 71 – 8   04410
ISBN 979 – 11 – 85521 – 70 – 1   세트

무한의 예술, 유한의 과학   181

일러두기

- 한글 전용을 원칙으로 하되, 필요한 경우 원어나 한자를 병기하였다.
- 한글 맞춤법은 '한글 맞춤법' 및 '표준어 규정'(1988), '표준어 모음'(1990)을 적용하였다.
- 외국의 인명, 지명 등은 국립국어원의 외래어 표기법을 따랐으며, 관례로 굳어진 경우는 예외를 두었다.
- 사용된 기호는 다음과 같다.
  미술 작품 , 영화 및 잡지 등 정기 간행물:〈 〉
  책(단행본):《 》
- 이 책에 실린 사진과 그림들은 본문의 이해를 돕기 위해 사용되었습니다. 사진의 사용을 허락해 주신 분들께 감사드립니다. 잘못 기재한 사항이나 사용 허락을 받지 않은 것이 있다면 사과드리며, 이후 쇄에서 정확하게 수정하며 관련 절차에 따라 허락받을 것을 약속드립니다. 그림 중 일부는 저자가 제공한 것을 바탕으로 컬처룩에서 작업한 것입니다.

우리는 왜 수학을 공부할까? 인류에게 수학이 갖는 의미는 무엇일까? 이 질문은 인간은 어떤 존재인가라는 질문과 연결되어 있는 것 같다. 인간은 생각하는 존재다. 인간은 볼 수 없는 것을 상상할 수 있다. 동시에 인간은 도구를 사용하여 문제를 해결할 수 있다. 인간에게는 늘 새로운 문제가 있고 그 문제의 해결을 통해 문명을 만들어 갔다. 인간에게는 훌륭하고 효율적인 생각의 도구, 문제 해결의 도구가 몇 가지 있는데 수학이 그중 하나라고 생각한다.

수학은 인류의 문명사와 그 맥을 같이하였고 그 시대의 문제를 해결함으로써 더불어 성장하였다. 고대 농경 사회에서 계절의 변화를 예측하기 위해 천문학이 발달했고 천문학은 기하학과 계산 방법을 크게 발전시켰다. 고대 이집트나 메소포타미아에서 대규모 건축과 농산물의 저장과 관련하여 산술법이나 기하학, 삼각함수 등이 크게 발달하였다. 르네상스 시대 건축과 미술은 사영기하학을 탄생시켰고, 지역 군주들 사이의 전쟁으로 인해 발달한 탄도학은 미적분학이 탄생하게 되는 계기 중 하나가 되었다. 파스칼이나 라이프니츠가 꿈꾸었던 계산하는 기계는 20세기에 이르러 마침내 컴퓨터로 구체적인 모습을 갖게 되었다. 컴퓨터 시대를 통해 이전에 상상할 수 없던 다양한 수학 문제와 수학의 분야들이 탄생했다. 구름이나 번개처럼 고도로 불규칙한 모양이 프랙털 기하를 통해 기하학의 대상이 될 수 있었던 것도 컴퓨터의 탁월한 계산 능력 덕분이었다. 계산 과학의 발달은 수치해석학, 최적화 이론, 그래프론과 같은 분야가 수학의 주요한 분야로 떠오를 수 있게 하였다.

수학의 발전이 사회적 변화와 수요를 통해서만 이루어지는 것은 아니지만 급격한 사회 변화 뒤에는 수학의 힘이 있음을 알 수 있다. 이를 통해 사람들은 다시 한 번 수학이라는 도구의 유용성과 탁월성을 깨닫게 되는 것 같다. 수학은 시대의 유행을 크게 타지 않는 편이다. 그만큼 늘 일정하게 사회적 역할을 담당하고 있기 때문일 것이다. 하지만 더 근본적으로는 수학 공부가 사고 훈련에 가장 좋은 교육 방법이기 때문일 것이다.

문명사를 통해 알 수 있듯이 수학은 어느 시대나 국가를 막론하고 중요한 자리를 차지해 왔다. 이는 한국 사회에서도 크게 다르지 않다. 그러나 우리 사회의 많은 사람들에게 수학이 부담스러운 것이 되어버린 이유 중 하나는 학교에서 수학을 공부하는 과정이 그리 행복하지 않기 때문인 것 같다. 수학자인 나로서는 수학 공부가 즐거운 경험이 되기를 바라지만 우리 사회가 수학을 다루는 방식은 초점이 조금 어긋나 있는 것 같다.

이 책은 수 이야기, 기하학, 조합론, 그리고 무한의 아이디어를 이용하는 수학 등 크게 네 가지 주제로 구성하였다. 이 주제들은 수학에서 가장 대표적이고 오래된 것들이다. 독자들에게 다소 익숙하지만 조금만 들어가 보면 낯선 곳으로 빠질 수 있는 주제다.

수를 다뤄 온 인류의 역사만큼 거기 얽힌 이야기도 많아서 수 이야기는 두 개의 장으로 나누어 설명한다. 한번쯤은 들어보았을 수학의 시작 피타고라스, 소수에 대한 이야기, 유명한 페르마의 마지막 정리, 그리고 수학 천재 라마누잔 이야기 등을 징검다리로 수에 대한 신기한 이야기들을 풀어보았다.

기하학은 중학교 수학 시간에 평면 도형을 가지고 증명을 배우는 것과 관련된다. 수와 더불어 아주 오래된 역사를 갖는 기하학은 실용적인 문제들을 해결하는 대표적인 분야다. 여기서는 좀 더 흥미롭고 역동적인 이야기들로 구성했다.

조합론은 세는 것을 다루는 아이디어에서 출발한 수학 분야다. 오늘날 그래프 이론, 확률론, 대수학, 위상 수학 등과 맞물려 조합론은 빠르게 발전하고 있다. 기본적으로 경우의 수를 세는 문제들이지만 학교에서는 미처 다루지 않았을 이야기들을 소개한다. 특별히 SNS의 사용과 더불어 네트워크에 대한 관심이 많은 요즈음 그래프 수학에서 다루는 고전적인 아이디어나 문제들을 몇 가지 소개한다.

마지막 주제인 미적분학은 수학의 역사에서 비교적 최근에 등장하였다. 근대 과학의 발전을 이끈 수학 분야라고 할 수 있다. 뉴턴과 라이프니츠가 발명한 이래로 수학의 오래된 난제들을 거뜬히 해결했을 뿐 아니라 이전에는 다루지 못했던 대상까지 다루는 도구가 되었다. 미적분학의 탄생으로 미분기하가 생겼고 오늘날 컴퓨터 애니메이션이나 그래픽이 가능해졌다. 항공기나 자동차를 설계하고, 거대한 바다를 가로지르는 장대한 다리를 만들 수 있게 된 것도, 달에 사람을 보낼 수 있게 된 것도 미적분학 덕분이다.

사실 수학은 쉬운 학문이 아니다. 바이올린은 배우기 어렵지만 바이올린 연주자는 배우기를 꺼리지 않는다. 수영도 금방

익힐 수 있는 것이 아니지만 체계적으로 배우면 수영 실력이
늘고 수영의 즐거움을 누릴 수 있다. 수학도 마찬가지다. 생각
과 상상력이라는 수고가 필요하다. 가치 있는 모든 것은 어느
정도 수고가 필요하지 않은가.

갤러리에서 아름다운 작품을 감상하듯 이 책도 독자들이
천천히 걸으며 수학이라는 역동적인 작품을 봐줬으면 한다.
어린 시절 그림책을 보며 존재하지 않지만 어딘가 있을 것 같
은 상상의 세계에서 즐겁게 놀았던 경험이 있다. 루이스 캐럴
의 《이상한 나라의 앨리스》나 조너선 스위프트의 《걸리버 여
행기》를 읽을 때의 즐거웠던 경험 말이다. 이 책은 상상력과
호기심을 자극하는 갤러리가 되고자 한다. (아니면 테마 파크여
도 좋겠다.) 수학을 잘하건 못하건 간에 이곳에 걸린 수학 작품
이 어떤 의미인가를 생각하느라 걸음이 조금 더뎌질 수는 있
겠지만, 잠시 딱딱한 학교 수학은 잊고 수학의 즐거움을 맛보
길 바란다. 마지막으로 책에 대한 방향과 구성에 대해 여러 가
지 아이디어를 제공해 준 컬처룩 편집진, 특히 이여진 편집장
님께 감사드린다.

MATHEMATICS

1

기하학과
수　　가
만 나 다

정다각형과 원은 동서양 모두 고대부터 건축 장식에 사용되었다. 15세기에 완성된 인도 라낙푸르 자이나교 사원의 돔. (사진: McKay Savage)

미술사에서 가장 유명한 화면 분할은 황금
비를 사용한 것인데 황금비는 2차 방정식
의 근으로 얻을 수 있는 무리수다. 황금비
뿐 아니라 2의 제곱근 같은 무리수도 건축
의 평면 분할이나 회화의 분할에 즐겨 사
용되었다. 네덜란드 화가로 추상회화의 선
구자인 피에트 몬드리안Piet Mondrian
(1872~1944)의 〈구성 AComposition A〉
(1920).

계산하는 기계를 처음 생각한 사람은 파스칼이다. 그는 많은 숫자를 계산해야 하는 세금 징수원인 아버지를 돕기 위해 계산기를 만들었다(1642). 그 기계는 처음엔 산술 기계 또는 파스칼의 계산기라고 불리다가 나중에 '파스칼린Pascaline'이라고 불렸다. 사진은 1652년에 제작된 파스칼린. (사진: Rama)

> 66 내가 만약 처음부터 다시 공부를 시작할 수 있다면,
> 플라톤의 충고를 따라 수학부터 공부할 것이다. 99
> ― 갈릴레오 갈릴레이

수학은 어떻게 시작했을까

어린 아이가 처음 배우는 수학이 셈하는 것인 것처럼, 최초의 인류 문명에 나타난 수학은 양적인 것을 수로 바꾸는 아이디어였다. 고대인들은 처음에는 각 수가 나타내는 양에 관심을 가졌겠지만, 시간이 지나면서 두 수를 더하거나 한 수에서 다른 수를 빼는 연산을 하기 시작했을 것이다. 작은 규모로 사람들이 모여 살다가 큰 규모의 왕국이 생기면서 여러 가지 수학적 문제도 함께 나타났다.

나일강 유역에서 번성했던 고대 이집트 왕국의 파라오는 광활한 농지를 소유했다. 파라오는 농지를 각 사람들에게 나누어 주어 경작하게 하고 이들로부터 세금을 거두었다. 계절에 따른 나일강의 범람은 이전까지 명확했던 농지 간의 경계를 다 허물어뜨리곤 하였다. 파라오에게 세금을 바쳐야 하는

토지 관리자들은 자신의 농지가 어디까지인지 아주 민감할 수밖에 없었다. 따라서 토지의 측량은 중요한 문제였는데, 이것이 기하학이 시작된 배경이다.

이렇듯 산술과 기하는 고대 문명 세계에서 실용적인 문제 해결을 위한 필수 도구였다. 동시에 그 자체로도 아주 흥미로운 수학 문제를 만들어 냈다. 이는 산술과 기하의 발전을 독려하였다. 수학을 실용적인 도구 이상으로 생각하기 시작한 사람들은 에게해의 수많은 섬들을 누볐던 모험심 많은 고대 그리스인들이었다. 그중 대표적 인물은 BC 6세기경에 활동했던 피타고라스Pythagoras다. 젊은 시절 이집트와 메소포타미아 지역을 여행하면서 여러 가지 종교와 지식을 섭렵했던 그는 수학에 대해 신비주의적 관점을 가졌던 최초의 인물 중 하나다.

피타고라스는 각 수에 상징적인 의미 부여하기를 좋아하였다. 가령 1은 근원을 의미하고, 2는 여성, 3은 남성, 2와 3을 더해서 생기는 5는 결혼, 1, 2, 3을 다 더해서 생기는 6은 창조를 의미한다고 여겼다. 피타고라스가 수를 기하학적으로 보기 시작한 것도 수에 대한 그의 신비주의적 취향이 한몫했을 것으로 보인다. 삼각수라고 불리는 수들은 같은 크기의 공을 정삼각형 모양으로 배열했을 때 공의 개수에 해당하는 수다. 공

그림 1.　　르네상스 시대 라파엘로 산치오Raffaello Sanzio(1483~1520)가 바티칸궁에 그린 프레스코화 〈아테네 학당School of Athens〉(1508~1511). 플라톤과 아리스토텔레스를 중심으로 고대 그리스 철학자들이 모여 있는데, 유클리드(그림 오른쪽 앞 컴퍼스로 도형을 그리는 사람)와 피타고라스(그림 왼쪽 앞 책을 쓰고 있는 사람)도 있다. 피타고라스 근처 흰옷을 입고 서 있는 여성이 4세기 알렉산드리아의 신플라톤주의 철학자이자 수학자 히파티아Hypatia다. 유클리드의《원론》의 주석가로 유명한 수학자이자 천문학자 테온 Theon의 딸인 히파티아는 디오판토스와 아폴로니우스의 저작에 대한 해설서를 썼다. 이 작품은 원근법을 완벽하게 따르고 있어 등장 인물이 많음에도 집중된 느낌을 준다.

3개는 한 변이 길이가 2인 정삼각형 모양으로 배열할 수 있다. 밑변으로 공 3개를 일렬로 추가하면 한 변의 길이가 3인 정삼각형 모양의 배열을 얻을 수 있다. 다시 밑변에 공 4개를 추가하면 한 변의 길이가 1 늘어난 정삼각형을 얻는다. 이때 공의 개수는 1 + 2 + 3 + 4 = 10인데, 10은 피타고라스가 완전수라고 부른 수다.

삼각수와 마찬가지로 사각수도 생각할 수 있다. 같은 크기의 공을 정사각형 모양으로 배열하는 것이다. 한 변의 길이가 2인 정사각형은 공 4개를 배열하여 얻을 수 있고, 한 변의 길이가 3인 정사각형은 공 9개를 배열하여 얻을 수 있다. 이를 일반화한다면 n번째 사각수는 한 변의 길이가 n인 정사각형 모양으로 공을 배열했을 때 공의 개수이고 이는 n^2이다. 즉 제곱수는 기하학적으로 정사각형을 나타낸다.

삼각수와 사각수 모두 흥미로운 수열을 이루고 있다. 삼각수들을 나열해 보면 1, 3, 6, 10, 15, …인데 주어진 삼각수에서 다음 삼각수를 얻는 방법은 새로운 변의 길이만큼 수를 더하는 것이다. 즉 n번째 삼각수에다 $n + 1$을 더하면 $n + 1$번째 삼각수가 된다. 삼각수들을 다시 나열해 보면 1, 1 + 2, 1 + 2 + 3, 1 + 2 + 3 + 4, 1 + 2 + 3 + 4 + 5, …와 같다. 따라서 n번째 삼각수는 $1 + 2 + \cdots + n = \dfrac{n(n+1)}{2}$이 된다.

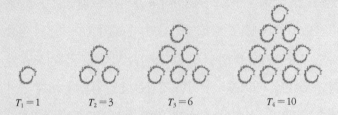

$T_1 = 1 \qquad T_2 = 3 \qquad T_3 = 6 \qquad T_4 = 10$

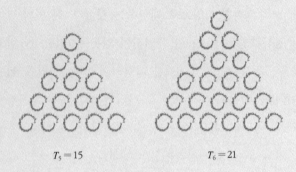

$T_5 = 15 \qquad\qquad T_6 = 21$

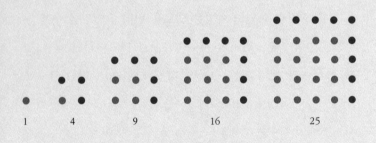

1   4   9   16   25

그림 2. 삼각수와 사각수의 구성. 삼각수는 한 변에 대해, 사각수는 이웃하는 두 변에 대해 하나씩 큰 변을 새로 추가한다.

사각수는 제곱수인데 n번째 제곱수 n^2과 $n-1$번째 제곱수 $(n-1)^2$의 차이를 보면 $n^2-(n-1)^2=2n-1$로 항상 홀수임을 알 수 있다. 제곱수의 수열은 홀수들을 순차적으로 더함으로써 얻을 수 있다.

$$1, \ 1+3=2^2, \ 1+3+5=3^2, \ 1+3+5+7=4^2, \ \cdots$$

일반적으로 같은 크기의 공을 정다각형 모양으로 배열했을 때 공의 개수를 나타내는 수를 다각수라고 한다. 가령 오각수는 1, 5, 12, 22, 35, …이며, 육각수는 1, 6, 15, 28, 45, 66, …이다. 오각수를 이해하는 한 방법은 그림 3과 같이 주어진 오각형에 점을 추가하여 주어진 오각형에서 그다음 크기의 오각형을 얻는 것이다. 시작점과 연결된 네 변의 연장선 위에 새로운 점을 추가한 다음 그 점들을 연결하면 새로운 오각형을 얻는다. 이때 시작점과 마주보는 각 변에 같은 개수만큼 점을 추가하되 주어진 변의 길이에서 2를 뺀 만큼을 추가해 주면 된다. n번째 오각수를 P_n이라고 하고 $n-1$번째 오각수를 P_{n-1}이라 하면 $P_n=P_{n-1}+4+3(n-2)$를 만족한다. 이로부터 n번째 오각수는 $P_n=\dfrac{n(3n-1)}{2}$이다.

피타고라스가 각 수에 의미를 부여했던 것처럼, 모든 자연

그림 3.   오각수의 구성. 두 이웃하는 변의 연장선을 따라 나머지 세 변의 길이를
1씩 증가시킨다.

수를 다각수를 통해 이해해 볼 수 있을까? 가령 기본적인 다각수인 삼각수, 사각수 정도만 가지고 모든 수를 만들어 낼 수 있을까? '페르마의 마지막 정리'로 유명한 피에르 드 페르마 Pierre de Fermat(1607~1665)는 이 문제를 풀기 위해 몰두했다. 1638년 페르마는 모든 자연수를 각 n에 대해 기껏해야 n개의 n-다각수의 합으로 표현할 수 있다고 주장하였다. 17을 예로 들면 $17 = 10 + 6 + 1$로 세 개의 삼각수의 합으로 쓸 수 있고, $17 = 16 + 1$로 두 개의 사각수의 합으로 쓸 수 있으며, $17 = 12 + 5$로 두 개의 오각수의 합으로 쓸 수 있다. 페르마는 다른 곳에 증명을 제시하겠다고 하였으나 증명은 어떤 곳에서도 발견되지 않았다.

페르마의 주장이 참임을 구체적으로 증명한 첫 번째 수학자는 조제프루이 라그랑주Joseph-Louis Lagrange(1736~1813)다. 라그랑주는 모든 자연수를 네 개 이하의 사각수의 합으로 표현할 수 있음을 보였다. 모든 자연수를 세 개 이하의 삼각수의 합으로 표현할 수 있다는 것은 카를 프리드리히 가우스Carl Friedrich Gauss(1777~1855)가 증명했다. 마침내 프랑스의 수학자 오귀스탱 루이 코시Augustin Louis Cauchy(1789~1857)가 페르마의 주장에 대한 일반적인 경우가 참이 된다는 것을 증명했다. 코시의 증명은 길고 복잡하여서 짧고 쉬운 증명을 찾기 위해 여러 수학자들이 애를 썼다. 20세기의 저명한 수학자 앙드레 베유Andre Weil(1906~1998)는 그런 증명을 찾는 것은 불가능할 것이라고 말하기도 했다. 그러나 1987년 미국의 수학자 멜빈 네이선슨Melvyn Nathanson(1944~)이 3페이지에 불과한 짧고 쉬운 증명을 찾아내 사람들을 놀라게 하였다.

대 포 알 을 피 라 미 드 형 태 로 쌓 으 려 면

2014년 필즈상Fields Medal*을 수상한 수학자 만줄 바르가바 Manjul Bhargava(1974~)는 어린 시절 과일 가게 앞을 지나가다 피라미드 모양으로 쌓여 있는 오렌지를 보고 피라미드의 층수만 세어서 오렌지의 전체 개수를 알 수 있을지 궁금했다고 한다. 그는 몇 달을 생각하다 층수가 n이면 오렌지의 개수는 $n(n+1)(n+2)/6$라는 것을 알아냈다고 한다.

앞에서 이야기했던 삼각수나 사각수는 평면에 공을 배열하여 다각형을 만드는 문제였다. 이번에는 공을 쌓아서 사면체나 팔면체 같은 다면체를 만들어 보자. 이때 공의 개수에 해당하는 수를 다면체 수라고 부르자. 바르가바가 생각했던 문

● 수학의 노벨상이라 불리는 필즈상은 4년마다 40세를 넘지 않은 젊은 수학자들에게 수여한다. 1차 세계 대전 이후 분열되었던 국제수학연맹의 화합을 위해 노력한 캐나다 수학자 존 찰스 필즈John Charles Fields(1863~1932)에 의해 제정되었다.

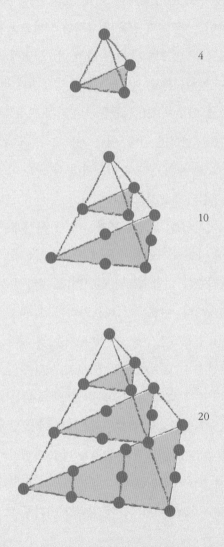

1

4

10

20

그림 4.　　사면체 수의 구성. 정사면체의 밑변에 정삼각형 모양으로 공을 배열한 층을
하나 추가함으로써 변의 길이가 한 단위 늘어난 정사면체를 얻을 수 있다.

제는 사면체 수에 대한 일반식을 찾는 것이었다.

사면체 수를 먼저 생각해 보자. 2층의 삼각 피라미드를 만들기 위해서는 세 개의 공을 정삼각형 모양으로 배열하고 그 위에 공을 하나 얹으면 된다. 따라서 4는 사면체 수다. 3층 피라미드를 만들기 위해서는 2층 피라미드 아래에 한 변이 세 개의 공으로 이루어지도록 공을 정삼각형 모양으로 배열하여 세 번째 층을 만들면 된다. 이는 2층 피라미드에서 만들었던 정삼각형에 세 개의 공으로 이루어진 한 줄을 더 추가해서 하나 더 큰 정삼각형을 만드는 것이다.

이 아이디어를 정리해 보자. n번째 사면체 수를 T_n이라고 하고, $n-1$번째 사면체 수를 T_{n-1}이라고 하면, T_n은 T_{n-1}에 n번째 삼각수를 더함으로써 얻어진다. 따라서 $T_n = T_{n-1} + n(n+1)/2$이다. 이로부터 바르가바가 알게 된 공식 $T_n = n(n+1)(n+2)/6$를 얻을 수 있다. 처음 몇 개의 사면체 수를 나열해 보면 1, 4, 10, 20, 35, 56, 84, 120, …와 같다.

사면체 수에 대해 흥미로운 퍼즐 중 하나는 대포알 쌓기 문제다. 1587년 영국의 엘리자베스 1세 여왕 당시 모험가 월터 레일리Walter Raleigh 경은 군함을 타고 아메리카로 가고 있었다. 이때 그는 자신의 수학 고문이었던 토머스 해리엇Thomas Harriot(1560~1621)⁕에게 "갑판 위에 정사각형 모양으로 대포

● 방정식 연구로 유명하며, 인수분해를 이용한 최초의 인물로 알려져 있다. 또 근과 계수와의 관계를 정식화하고, 부등 기호를 도입하는 등 방정식의 해법을 포함하는 대수학의 근대적 정식화에 기여했다.

알을 배열해 두었는데 이를 피라미드 형태로 쌓을 수 있겠는 가?"라고 물었다. 본래의 대포알 쌓기 문제에서 생각하는 피라미드는 사각 피라미드지만 삼각 피라미드, 즉 사면체 수에 대해서도 이 문제를 생각해 볼 수 있다. 즉 사면체 수이면서 동시에 사각수인 수는 어떤 수인가? 그런 수는 오직 1, 4, 19600 세 개뿐이다.

본래 해리엇이 풀어야 했던 사각 피라미드에 대한 대포알 쌓기 문제의 경우도 생각해 보자. 사각 피라미드 수는 각 층이 사각수, 즉 제곱수이기 때문에 제곱수를 순차적으로 더한 수다. 방정식에 익숙한 사람이라면 대포알 문제는 방정식 $1^2 + 2^2 + \cdots + m^2 = n^2$을 만족하는 자연수 m과 n을 구하는 문제임을 알 수 있다. 놀랍게도 이 문제는 1918년이나 되어서야 영국의 수학자 조지 네빌 왓슨George Neville Watson(1886~1965)에 의해 완전히 해결되었다. 해는 $(m, n) = (1, 1)$, $(24, 70)$ 두 개뿐이다.

수를 입체로 표현하려면

자연수를 다각형 수의 합으로 표현하는 페르마의 문제를 3차원으로 확장해 보자. 모든 자연수를 적당한 개수의 다면체 수의 합으로 표현할 수 있을까? 1843년 영국의 변호사이자 아마추어 수학자였던 프레더릭 폴록Frederick Pollock(1783~1870)은 다섯 개를 넘지 않는 사면체 수의 합으로 임의의 자연수를 표현할 수 있을 것이라는 예상을 내놓았다. 사면체 수니까 네 개만으로도 충분하지 않을까 생각할 수 있지만 33을 생각해 보면 $33 = 20 + 10 + 1 + 1 + 1$로 최소한 다섯 개의 사면체 수가 필요하다.

흥미로운 것은 컴퓨터로 계산하여 예상한 것을 보면 유한개의 수를 제외하고는 모든 자연수가 사면체 수 네 개의 합으로 표현될 수 있다는 것이다. 이 문제를 오랫동안 연구해 온 수학자 허버트 E. 샐저Herbert E. Salzer와 노먼 레빈Norman Levine은 사면체 수의 합으로 표시되기 위해 정확히 사면체 수 다섯 개가 필요한 수는 241개뿐이라고 예상한다. 이때 그러한 수 중 가장 큰 수는 343867이라고 예상한다. 현재까지 8자리 이하의 수에 대해서는 폴록의 예상이 참임을 확인하였다. 폴록의 예상이 참이라는 수학적 증명은 아직 발견되지 않았다.

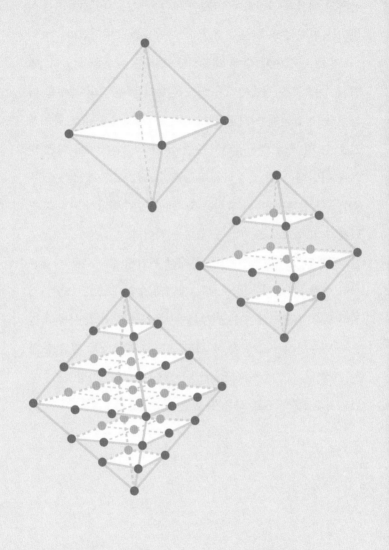

그림 5.   팔면체 수는 위아래로 층수가 하나 차이 나는 사각 피라미드 두 개를 붙여 얻을 수 있다. 사각 피라미드 수는 1, 1+4, 1+4+9, …이므로 팔면체 수는 1, 5+1, 14+5, …가 된다.

폴록의 예상과 관련하여 1952년 왓슨은 모든 자연수가 8개 이하의 사면체 수의 합으로 표현될 수 있음을 증명하였다.

폴록은 팔면체 수에 대해서도 유사한 예상을 하였다. 팔면체 수는 공을 정팔면체가 되도록 쌓았을 때 공의 개수를 나타낸다. 정팔면체는 사각 피라미드 두 개를 위아래로 붙여서 얻을 수 있다. n번째 팔면체 수는 $n(2n^2 + 1)/3$이다. 처음 몇 개를 나열해 보면 1, 6, 19, 44, 85, 146, 231, 344, 489, 670, 891, …와 같다. 폴록의 예상은 임의의 자연수를 7개 이하의 팔면체 수의 합으로 표현할 수 있다는 것이다.

컴퓨터를 이용한 계산을 통해서 관찰된 흥미로운 사실은 어떤 아주 큰 숫자 이상으로는 팔면체 수의 합으로 표현하기 위해 필요한 팔면체 수는 기껏해야 4개라는 것이다. 상당히 높은 자릿수까지 테스트해 본 결과 팔면체 수 5개를 필요로 하는 가장 큰 수는 65286583, 6개를 필요로 하는 가장 큰 수는 11579, 7개를 필요로 하는 가장 큰 수는 309라고 한다.

최초의 무리수

수는 수학의 가장 기본이 되는 대상이다. 우리는 손가락으로
셈하는 것을 배운다. 자연수는 이 셈에서 출발한 수다. 어떤 물
건을 균등하게 나누는 문제를 생각하면서 분수, 즉 유리수라
는 것이 수의 체계에 도입되었다. 자연수와 유리수를 가지고
도 대부분의 실용적인 산술 문제를 다룰 수 있다. 그런데 여기
에 아주 다른 종류의 수가 있다. 바로 무리수다. 초등학교 6년
동안 수학을 배우면서 상당히 복잡한 수의 사칙연산도 하고
방정식의 해도 구해 보지만 무리수라는 알쏭달쏭한 수는 중학
교에 가야 비로소 접하게 된다. 어째서일까?

인류가 처음 접한 무리수들은 모두 기하학 문제에서 연유
한다. 가장 대표적인 무리수인 원주율 π는 원의 둘레와 지름
사이의 비율이다. 어떤 원이든 둘레와 지름이 일정한 상수라
는 발견도 놀랍지만 그 값이 분수로 잘 표현할 수 없다는 것도
충격적이었을 것이다. 이 사실에 대해 고대인들이 어떤 논의
를 했는지 지금은 알 수 없다. 그러나 원주율로 사용했던 값은
그렇게 정확한 값은 아니었다. 가령 고대 이집트인들은 원의
면적을 구할 때 주어진 원을 근사하는 정사각형의 면적을 사
용하였다. 그래서 얻은 원주율은 대략 3.16이었다. 고대 바빌

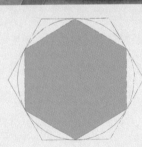

그림 6.　아르키메데스는 원주율을 계산하기 위해 원에 내접하는 정다각형과 외접하는 정다각형의 면적을 계산하였다. 아르키메데스는 뛰어난 수학자일 뿐만 아니라 기술자, 발명가, 물리학자로서 스크루 펌프, 지렛대의 원리 등 일상생활에 필요한 도구뿐 아니라 정교한 전쟁 무기도 많이 만들어 냈다. BC 212년 2차 포에니 전쟁 중에 시라쿠사를 점령한 로마 군인들에게 살해됐다고 전해진다. 그는 그 순간에 "내 원들을 건드리지 마시오!"라고 외쳤다고 한다. 그림은 프랑스 화가 토마 드 조르주Thomas Degeorge의 〈아르키메데스의 죽음 Death of Archimedes〉(1815).

로니아인들도 원주율로 3이라는 값을 사용하였다.

원주율에 대한 상당한 좋은 근사는 고대 그리스 시대의 아르키메데스Archimedes(BC 288~BC 212)가 원에 내접하는 정96각형과 외접하는 정96각형을 사용한 것을 통해 처음으로 이루어졌다. 아르키메데스는 원주율이 223/71과 22/7 사이의 수임을 보였다. 이는 소수점 아래 둘째 자리까지 원주율에 대해 정확한 값을 준다.

두 번째 대표적인 무리수인 2의 제곱근은 정사각형의 대각선의 길이에서 나온다. 역사적으로 흥미로운 점은 피타고라스 정리, 즉 직각삼각형의 빗변 길이의 제곱이 다른 두 변의 제곱의 합과 같다는 정리는 무리수의 존재를 말해 주지만 피타고라스 자신은 무리수의 존재를 부인하였다. 피타고라스 학파에서는 모든 수가 두 정수의 비로 표현되어야 한다는 철학을 고수하고 있었기 때문에 무리수의 존재를 인정할 수 없었다. 급기야 피타고라스 학파의 일원이었던 히파수스Hipassus가 2의 제곱근은 두 정수의 비로 표현할 수 없다는 것을 알고 그것을 발설했을 때 그를 바다에 빠뜨려 살해했다고 한다. 그럼에도 불구하고 그리스 수학의 성과가 집대성된 유클리드Euclid의 《원론*Elements*》에는 2의 제곱근이 두 정수의 비로 표현할 수 없다는 것이 아름답게 증명되어 있다.

무리수를 찾아서

소수의 제곱근이나 원주율 말고 구체적으로 다룰 수 있는 무리수는 어떤 것이 있을까? 알고 있는 무리수들을 사칙연산을 이용해서 적절하게 조합함으로써 새로운 무리수들을 만들 수 있다. 가령 $\sqrt{2}$와 $\sqrt{3}$은 무리수임을 아는데, $\sqrt{2} + \sqrt{3}$도 무리수인가? 만약 이 수가 유리수이면 제곱을 해도 유리수다. 제곱을 하면 $5 + 2\sqrt{6}$이 된다. 이 수가 유리수라면 $\sqrt{6}$도 유리수가 되어야 하지만 $\sqrt{6}$은 무리수다. 따라서 $\sqrt{2} + \sqrt{3}$은 무리수다.

이번에는 다른 방식으로 만든 무리수를 생각해 보자. $(\sqrt{2})^{\sqrt{3}}$은 유리수일까 무리수일까? 먼저 이 수 자체가 어떻게 정의되는지 생각해 볼 필요가 있다. 자연수 n에 대해서 $(\sqrt{2})^n$은 쉽게 그 의미를 알 수 있다. 가령 $(\sqrt{2})^3 = \sqrt{2}\sqrt{2}\sqrt{2} = 2\sqrt{2} = \sqrt{8}$이다. n이 만약 유리수라면 어떨까? 가령 $(\sqrt{2})^{3/5}$은 어떻게 정의된 것일까? $((\sqrt{2})^3)^{1/5} = (2\sqrt{2})^{1/5} = \sqrt[5]{(2\sqrt{2})}$로 이해하면 될 것이다. 이제 $\sqrt{3}$으로 수렴하는 유리수들로 이루어진 수열 x_n이 있다고 해 보자. 그런 수열의 예를 들자면 다음과 같은 점화식으로 정의되는 수열을 생각하면 된다.

$$x_{n+1} = \frac{1}{2}\left(x_n + \frac{3}{x_n}\right),\ x_1 = 2$$

이 수열은 유리수들로 이루어져 있고 n이 커질수록 $\sqrt{3}$에 점점 가까워져간다. 이제 $(\sqrt{2})^{\sqrt{3}}$은 $(\sqrt{2})^{x_n}$의 극한값으로 정의한다. 여기서 $(\sqrt{2})^{x_n}$은 x_n이 유리수이기 때문에 어떤 방식으로 정의되는지 우리가 이미 알고 있다. 일단 $(\sqrt{2})^{\sqrt{3}}$을 정의하는 것에는 성공했지만 이 수가 무리수인지 아닌지는 어떻게 알 수 있을까?

보통 무리수들은 이른바 초월 함수라고 불리는 함수들의 함숫값으로 등장하는 경우가 많다. 로그 함수나 삼각 함수가 대표적인 초월 함수다. 가령 $\sin 45° = \frac{\sqrt{2}}{2}$는 무리수임을 쉽게 알 수 있다. 그러나 $\sin 1$이 무리수인지 여부를 확인하려면 상당한 노력이 필요하다. 또한 로그의 값, 예를 들면 $\log_2 3$도 무리수임이 알려져 있다. 이런 초월 함수의 함숫값 중 무리수인 것은 어떻게 확인할 수 있을까?

물론 특별히 쉽게 알 수 있는 경우도 있다. 가령 $\log_{10} 21$이 무리수가 됨을 살펴보자. $\log_{10} 21$이 만약 유리수라고 해 보자. 그러면 서로소인 두 자연수 a, b가 있어서 $\log_{10} 21 = a/b$라고 표현할 수 있다. 로그의 정의에 의하면 $10^{a/b} = 21$이다. 양변을 b 제곱을 하면 $10^a = 21^b$이 된다. 그런데 이는 불가능하다. 왼쪽의 숫자는 소인수 2와 5만을 갖는데, 오른쪽의 숫자는 소인수 3과 7만을 갖기 때문이다. 따라서 $\log_{10} 21$은 유리수가 아니다.

무리수는 유리수를 좋아한다고?

1842년 독일의 수학자 페터 디리클레Peter Dirichlet(1805~1859)는 주어진 실수가 무리수인지 여부를 판정할 수 있는 흥미로운 판별 조건을 제시하였다. 디리클레의 판별 조건을 이해하기 위해 먼저 다음을 관찰해 보자. 유리수 2/3와 다른 유리수 p/q는 서로 얼마만큼 다를까? 일단 두 수 사이의 거리를 측정해 보면 $|2/3 - p/q| = |2q - 3p|/3q$이다. 이 식이 의미하는 바는 무엇일까? 일단 2/3와 다른 유리수를 선택했다면 아무리 2/3에 가까운 유리수를 선택한다고 해도 두 수 사이의 거리가 $\frac{1}{3q}$보다 작게 만드는 것은 불가능하다. 왜냐하면 $|2q - 3p|$는 0 또는 자연수 값만을 갖는데 0이 되려면 p/q = 2/3가 되어야 하기 때문이다. 이 관찰을 일반화하여 다음처럼 말할 수 있다.

> x가 만약 유리수라면 어떤 양의 상수 c가 존재해서 x와 다른 임의의 유리수 p/q에 대해 $\left| x - \dfrac{p}{q} \right| \geq \dfrac{c}{q}$가 성립한다.

이 명제는 일반적으로 주어진 유리수가 다른 유리수로 잘 근사가 되지 않는다는 점을 지적하고 있다. 이 명제의 대우를 취하면 어떤 실수 x가 무리수가 될 충분조건을 하나 얻게 된다.

x에 대해서 어떤 양수 a를 선택하더라도 $0 < \left| x - \dfrac{p}{q} \right| < \dfrac{a}{q}$ 를 만족하는 유리수 p/q가 존재한다면 x는 무리수다.

디리클레는 이 명제로부터 다음 판별 조건을 얻을 수 있음을 보였다.

x가 무리수일 필요충분 조건은 $0 < \left| x - \dfrac{p}{q} \right| < \dfrac{1}{q^2}$ 를 만족하는 유리수 p/q가 무한히 많이 존재하는 것이다.

디리클레의 무리수 판별 조건 자체의 단순성에도 불구하고 실제로 이것을 이용해서 주어진 수가 무리수인지 아닌지 여부를 판단하는 것은 쉽지 않다. 디리클레의 조건은 무리수가 갖는 성질에 대한 구체적인 이해라는 것에 의미가 있다.

특별히 디리클레의 판별 조건은 연분수가 무리수임을 판정하는 경우에 응용할 수 있다. 2의 제곱근이나 원주율은 연분수로 표현할 수 있기 때문에 이들 수가 무리수임을 디리클레의 조건으로부터 결론 내릴 수 있다.

마트에서 풀어야 할 방정식

일상의 산술적인 문제가 수학 문제로 바뀌는 가장 단순한 경우 중 하나는 방정식일 것이다. 1만 원을 들고 마트에 가서 우유 몇 개, 빵 몇 개를 산다고 해 보자. 이때 살 수 있는 수량을 결정하는 것은 우리가 매일 하는 계산 중 하나인데, 이는 사실상 방정식을 풀고 있는 것이다. 방정식은 수학의 발전에 있어서도 중요한 주역 중 하나였다. 음수나 무리수, 초월수, 복소수와 같은 수들의 도입도 방정식의 해를 찾고 이해하는 과정에서 생겨났다. 방정식의 해를 구하기 위한 노력으로 원추 곡선론이나 함수에 대한 연구 같은 것이 활발해졌다.

수학에서 가장 유명한 방정식 중 하나는 페르마의 마지막 정리에 등장하는 방정식 $x^n + y^n = z^n$일 것이다. 여기서 n은 2보다 큰 자연수다. n이 2인 경우는 피타고라스 정리에 등장하는 식이다. 페르마의 마지막 정리는 n이 2보다 큰 자연수일 때 방정식을 만족하는 양의 정수 x, y, z가 존재하지 않는다는 것이다. $n = 2$인 경우는 방정식을 만족하는 양의 정수 x, y, z가 많은 것과는 대조가 된다. 페르마는 자신의 정리에 대한 증명을 남겨 놓지 않아서 이후 350여 년 동안 수많은 수학자들이 이 정리를 증명하기 위해 많은 노력을 하였다. 페르마의 정

리는 1994년 영국 수학자 앤드루 와일스Andrew Wiles(1953~)
가 최종적으로 증명하는 데 성공하였다.

페르마 방정식은 이른바 '디오판토스 방정식'*이라고 불
리는 방정식 중 한 경우다. 이런 명칭이 생긴 이유는 그리
스의 수학자 디오판토스Diophantus(246?~330?)가 쓴《산학
Arithmetica》에 주로 1차부터 3차까지의 정방정식과 부정방정
식의 문제와 해법이 다루어져 있기 때문이다. 디오판토스 방
정식은 정수 계수를 갖고 있고 두 개 이상의 미지수를 가진 다
항 방정식이다. 가장 간단한 디오판토스 방정식은 $ax + by = c$다. 여기서 a, b, c는 정수다. 위에서 언급한 마트에서 1만 원
으로 장보기 문제가 정확히 이 방정식을 푸는 것과 같다.

삼각수가 동시에 사각수가 될 수 있을까

여러 가지 흥미로운 문제들이 디오판토스 방정식의 해를 구
하는 문제로 귀결된다. 앞에서 이야기했던 삼각수와 사각수

● 《산학》은 고대 그리스 대수학을 집대성한 기념비적인 저서다. 1570
년 처음으로 라틴어 번역본이 나왔고, 가장 유명한 라틴어 번역본은
1621년 프랑스 수학자 클로드 가스파르 바셰 드 메지리아크Claude
Gaspard Bachet de Méziriac(1581~1638)가 출간한 것이다. 페르마
는 《산학》을 즐겨 읽었는데 그의 유명한 마지막 정리가 기록된 것이
바로 그가 갖고 있던 바셰판 번역본이다. 페르마의 원본은 남아 있지
않으나 1670년 출간된 개정판《산학》의 편집자였던 페르마의 아들이
페르마의 마지막 정리를 주석으로 넣었다.

36

그림 7.   36은 삼각수이면서 동시에 사각수가 되는 가장 작은 수다.

에 관련된 디오판토스 방정식에 대해 살펴보자. 공을 배열하여 정삼각형 모양이 되게 했는데 이를 다시 재배열하여 정사각형 모양이 되게 할 수 있을까? 물론 일반적으로는 그렇게 할 수 없다. 그렇다면 어떤 경우에 이것이 가능할까? 다시 말하면 삼각수이면서 동시에 사각수인 수들을 다 찾아낼 수 있을까다. 일단 식을 세워 보자. n번째 삼각수가 m번째 사각수가 되는 경우를 찾는 것이므로, 다음의 식을 만족하는 자연수 n, m을 찾는 문제다.

$$1 + 2 + \cdots + n = \frac{n(n+1)}{2} = m^2$$

좌변의 식을 완전 제곱하여 정리하면 방정식 $(2n + 1)^2 - 8m^2 = 1$을 얻는다. 이 방정식의 자연수 해를 찾는 문제는 디오판토스 방정식 $x^2 - 2y^2 = 1$에 대해 x가 홀수이고 y가 짝수인 해를 찾는 문제와 같다. 이 방정식은 펠 방정식*의 한 예다.

펠 방정식이란 자연수 d에 대해 $x^2 - dy^2 = 1$로 주어진 방정식이다. 보통 d는 제곱수가 아닌 경우를 생각한다. 삼각수이면서 동시에 사각수가 되는 수를 찾는 문제에서 풀어야 하는 펠 방정식은 $d = 2$인 경우다. 이 연구는 이미 BC 400년경부

● 영국 수학자 존 펠John Pell(1611~1685)은 사실 이 방정식과 아무 관련이 없으며, 방정식을 연구한 레온하르트 오일러가 펠의 결과로 오인해 이름을 잘못 붙인 것이다.

터 시작되었다. 사람들이 일찍부터 이 방정식을 생각한 것은 $x^2 - 2y^2 = 1$의 자연수 해 x, y에 대해 $(x/y)^2 - 2 = 1/y^2$이 성립하는데, 이로부터 x/y가 $\sqrt{2}$에 대한 괜찮은 유리수 근사를 주기 때문이다.

펠 방정식 $x^2 - dy^2 = 1$의 해를 구하는 핵심적인 아이디어는 좌변의 식을 $x + y\sqrt{d}$ 형태의 무리수에 대한 일종의 크기로 이해하는 것이다. $x + y\sqrt{d}$의 크기를 $N(x + y\sqrt{d}) = x^2 - dy^2$으로 정의하자. 이 크기 함수는 곱셈 연산을 보존한다는 성질을 갖고 있다. 즉 다음과 같이 성립한다.

$$N((x_1 + y_1\sqrt{d})(x_2 + y_2\sqrt{d})) = N(x_1 + y_1\sqrt{d})N(x_2 + y_2\sqrt{d})$$

한 가지 확인할 것은 $x + y\sqrt{d}$ 형태의 수가 곱셈에 대해 닫혀 있는지 여부인데, 그것은 쉽게 확인할 수 있다. 이를 이용하면 펠 방정식에 대한 한 쌍의 근으로부터 무한히 많은 다른 근을 얻어 낼 수 있다. 방정식 $x^2 - 2y^2 = 1$을 생각해 보자. 가장 간단한 해로 $x = 3$, $y = 2$를 확인할 수 있다. $N((3 + 2\sqrt{2})(3 + 2\sqrt{2})) = N(3 + 2\sqrt{2})N(3 + 2\sqrt{2}) = 1$이므로 $(3 + 2\sqrt{2})^2 = 17 + 12\sqrt{2}$의 크기가 1임을 알 수 있다. 이것이 의미하는 바는 $x = 17$, $y = 12$가 방정식의 근이 된다는 것이다. 두 근 $(x_1, y_1) = (3, 2)$, $(x_2, y_2) = (17, 12)$를 이용하면 또 다른 새로운 근 $x = 99$, $y = 70$을 얻는다.

이제 펠 방정식의 해로부터 삼각수이면서 동시에 사각수인 수들을 찾을 수 있다. 가령 펠 방정식의 해 $x = 17$, $y = 12$는 각각 8번째 홀수, 6번째 짝수이므로 8번째 삼각수는 동시에 6번째 사각수가 된다. 즉 $8(8 + 1)/2 = 36 = 6^2$이다. 마찬가지로 펠 방정식의 해 $x = 99$, $y = 70$은 각각 49번째 홀수, 35번째 짝수이므로 49번째 삼각수는 동시에 35번째 사각수가 된다.

라 마 누 잔 의   택 시 수   1 7 2 9

이번에는 또 다른 유명한 디오판토스 방정식으로 페르마의 마지막 정리에 등장하는 방정식 $x^n + y^n = z^n$을 생각해 보자. $n = 3$인 경우 페르마의 마지막 정리가 의미하는 바는 세제곱수는 다른 두 세제곱수의 합으로 표현할 수 없다는 것이다. 세제곱수가 불가능하다면 어떤 수가 두 세제곱수의 합으로 표현될 수 있을까?

먼저 좀 더 쉬운 질문을 생각해 보자. 자연수 N 중 어떤 수가 두 제곱수의 합으로 표현될 수 있을까? 그렇게 될 수 있는 필요충분조건은 N의 소인수 중 4로 나누었을 때 나머지가 3인 것이 있다면 소인수 분해에서 이 소인수가 짝수 승이 되는 것이다. 예를 들어보자. 2450은 $2450 = 2 \times 5^2 \times 7^2$으로 소인수 분해된다. 여기서 4로 나누었을 때 나머지가 3인 소인수는 7밖에 없는데 소인수 분해에서 7^2이므로 조건을 만족한다. 따라서 2450은 두 제곱수의 합으로 표현할 수 있다. 실제로 $2450 = 7^2 + 49^2$이 된다.

세제곱수의 경우는 문제가 상당히 어려워진다. 사실 이 경우 문제가 완전히 해결되지는 않았다. 문제의 범위를 조금 확장해서 방정식 $x^3 + y^3 = N$이 유리수 근을 가질 자연수 N의 조건을 생각해 보자. 19세기 때 여러 수학자들은 N을 9로 나누었을 때 나머지가 2, 3, 5인 경우는 유리수 해를 가지지 않음을 보였다($1^3 + 1^3 = 2$의 경우는 제외해야 한다). 영국의 수학자 제임스 조지프 실베스터James Joseph Sylvester(1814~1897)의 이름을 딴 실베스터의 예상에 따르면, N을 9로 나누었을 때 나머지가 4, 7, 8이면 유리수 근을 가져야 한다고 한다. 예를 들면 $2^3 + 3^3 = 35$, $3^3 + 5^3 = 152$ 모두 오른쪽 수를 9로 나누었을 때 나머지가 8이다. 현재까지 이 문제는 미해결 상태다.

방정식 $x^3 + y^3 = N$의 근의 개수에 대한 연구 또한 흥미로운 결과들을 보여 준다. 만약 이 방정식이 정수근을 가진다면 그 개수는 유한개여야 한다는 것을 금방 알 수 있다. 먼저 좌변을 $(x + y)(x^2 - xy + y^2)$으로 인수 분해할 수 있다. 자연수 N을 두 정수의 곱으로 쓸 수 있는 방법은 유한개이므로 본래의 방정식의 근을 구하는 문제는 유한개의 연립 방정식 $x + y = N_1$, $x^2 - xy + y^2 = N_2$의 근을 구하는 문제와 같다. 이 두 식은 기하적으로 직선과 타원을 나타낸다. 방정식의 근은 직선과 타원의 교점인데 직선과 타원의 교점의 개수는 기껏해야 2개다.

그렇다면 N과 방정식의 근의 개수와 관계는 어떻게 될까? 루이스 모델Louis Mordell과 쿠르트 말러Kurt Mahler 그리고 이후 허브 실버만Herb Silverman의 결과에 따르면 무한히 많은 N에 대해 양의 정수의 근의 개수가 대략 $\sqrt[3]{\log N}$보다는 많다고 한다. 구체적인 N에 대해 근의 개수를 결정하는 것은 여전히 어려운 문제다.

이 질문과 관련하여 가장 유명한 수는 1729다. 이 수는 '택시 수taxicab number' 또는 '하디 - 라마누잔 수'라고도 불리는데 거기에는 유명한 일화가 있다. 영국의 수학자 고드프리 해럴드 하디Godfrey Harold Hardy(1877~1947)는 1913년 어느 날 인도의 한 청년으로부터 편지를 받는다. 그 편지에는 자신의 수학적 발견에 대해 평가해 달라는 내용이 담겨 있었다. 그러

오는 길에 탄 택시의 번호
판 수가 1729였어.
별로 흥미로운 수는
아닌 것 같은데……

TAXI

1 7 2 9

아니에요. 그 수는 아주 흥미로운
수랍니다. 1729는 두 세제곱수의
합으로 표현할 수 있는 두 가지 방법이
있는 가장 작은 수지요. $1729=1^3+12^3$
$=9^3+10^3$으로 표현할 수 있어요.

한 편지를 심심치 않게 받던 하디라 별 기대 없이 편지를 살펴보다 스리니바사 라마누잔Srinivāsa Rāmānujan이라는 이름의 이 청년이 수학 천재임을 알아보게 된다. 그 후 하디의 초청으로 케임브리지대학교에 온 라마누잔은 하디와 함께 정수론의 놀라운 결과들을 발표하게 된다.

건강이 좋지 않았던 라마누잔은 병이 깊어져 병원에 입원하게 되었다. 어느 날 문병 온 하디는 자신이 타고 온 택시의 번호판 번호 1729에 대해 그다지 흥미롭지 않은 수라고 말했다. 그러자 라마누잔은 그 수가 두 세제곱수의 합으로 표현하는 방법이 두 가지인 수 중 가장 작은 수라고 알려 주었다.

다시 말하면 방정식 $x^3 + y^3 = 1729$는 오직 두 개의 양의 정수근 (1, 12), (9, 10)만을 가지며 우변의 자연수가 1729보다 작으면 양의 정수해는 기껏해야 한 개뿐이라는 것이다. 하디는 그 자리에서 그러면 $x^4 + y^4 = N$이 오직 두 개의 정수근을 갖는 가장 작은 N은 무엇인지 질문했는데, 라마누잔은 그 질문에는 답하지 못했다고 한다. 아마도 라마누잔의 건강이 괜찮았다면 며칠 뒤에 그 질문에 답해 주었을지도 모른다. (하디와 라마누잔의 이야기를 다룬 〈무한대를 본 남자The Man Who Knew Infinity〉(2015)라는 영화가 나오기도 했다.)

택시 번호판 수와 관련하여 좀 더 일반적인 질문을 생각해 볼 수 있다. $x^3 + y^3 = N$이 오직 세 개의 양의 정수근만을 가지는 가장 작은 수 N은 무엇일까? 1957년 영국의 수학자 존 리치 John Leech(1926~1992)는 87539319가 바로 그 수임을 보였다.

$$87539319 = 436^3 + 167^3 = 423^3 + 228^3 = 414^3 + 255^3$$

만약 음의 정수도 허용한다면 세 정수근만을 허용하는 더 작은 N이 있는데, 다음과 같다.

$$4104 = 16^3 + 2^3 = 15^3 + 9^3 = (-12)^3 + 18^3$$

이후 네 가지, 다섯 가지, 여섯 가지 다른 방식으로 두 세제곱수의 합으로 표현되는 가장 작은 수들이 발견되었다.

소수의 숲에서
아름다움을
발견하다

여러 자연 현상에서 발견되는 나선은 어떤 물리 법칙을 반복적으로 만족할 때 자연스럽게 생겨난다. 자연에서 발견되는 대표적인 나선은 황금 나선이라 부르는 것으로 황금 비율을 이루는 직사각형 안에 생기는 것이다. 황금 사각형을 연속적으로 정사각형으로 분할할 때 정사각형 안에 작도할 수 있는 사분원을 연결하게 되면 나선을 얻을 수 있다. 이와 유사한 나선으로 피보나치 나선이 있다. 황금 사각형 대신 가로세로의 길이가 피보나치 수열상의 두 이웃하는 수로 이루어진 사각형을 사용하면 황금 나선과 유사한 나선을 얻을 수 있다. 허리케인이 만들어내는 나선은 피보나치 나선에 가깝다고 알려져 있다. (사진: NASA's Aqua/MODIS satellite)

측도의 아이디어는 유클리드 기하학의 시작이며 현대 수학에서도 여전히 중요한 개념이다. 16세기 작자 미상의 플랑드르 그림.

암호는 고대부터 사용되었다. 2500년 전 고대 그리스에서 사용된 스키테일Skytale (왼쪽)은 원통에 감은 가죽에 메시지를 쓴 후 가죽 끈을 풀면 메시지를 읽을 수 없게 하는 방법을 사용하였다. 2차 세계 대전 중 독일군이 사용한 암호 처리 장치 에니그마Enigma(위)의 해독은 연합군을 승리로 이끌었다. (사진: commons.wikimedia. org)

> 수학에서는 질문을 던지는 기술이야말로
>
> 그 질문에 답하는 것보다 더 높은 가치가 있다. **99**
>
> — 게오르크 칸토르Georg Cantor(러시아 태생의 독일 수학자)

해 커 는 나 눗 셈 을 싫 어 한 다 ?

오늘날 우리는 10진법을 사용한다. 열 가지 종류의 아라비아 숫자를 사용해서 모든 숫자를 표현한다. 9 다음 자연수는 숫자를 하나 더 사용해서 두 자리의 수를 사용하여 표현한다. 고대 바빌로니아인들은 60진법을 사용했다. 사실 지금도 여전히 60진법을 사용하는 영역이 있다. 60진법은 시간을 자유롭게 표현하는 데 여러 가지 유용한 점이 있다. 1시간은 60분이다. 따라서 1시간을 적절하게 나눠 쓰고 싶을 때 그 나뉜 부분을 분으로 표현하기가 좋다. 가령 1시간 동안 네 사람과 만나서 이야기를 해야 하는데 각 사람에게 같은 시간을 허용해야 한다고 하자. 즉 60분을 4등분하면 되는데 60은 4로 나누어지고 몫은 15분이다. 이는 자연수로 깔끔하게 떨어진다.

　고대의 바빌로니아인들도 60을 나누는 방법이 다양하다는 점에 주목한 것 같다. 주어진 자연수를 나누는 다른 자연수를 약수divisor 또는 인수factor라고 하는데, 60은 약수가 많은 수다. 자신을 제외한 60의 약수는 1, 2, 3, 4, 5, 6, 10, 12, 15, 20, 30이다. 숫자가 크다고 약수가 많은 것은 아니다. 가령 61은 60보다 큰 수이지만 61의 약수는 1과 61뿐이다. 이처럼 약수가 1과 자기 자신뿐인 수를 소수prime number라고 한다. 반면에 1과 자기 자신 외의 약수를 가지는 경우 합성수라고 한다.

실생활에서 무언가를 나누는 것은 빈번하게 부딪히는 산술 문제다. 주어진 자연수가 어떤 수로 나누어지는지, 다시 말해 약수가 무엇인지 어떻게 알아낼 수 있을까? 우리는 여기서 소수를 이용한다. 즉 주어진 자연수를 더 이상 나눌 수 없는 가장 기본적인 수들의 곱으로 표현하는 것이다. 이는 마치 화학에서 다양한 분자들을 이해하기 위해 더 기본적인 단위인 원자의 수준까지 분자들을 쪼개는 것과 유사하다.

자연수의 소인수 분해라고 부르는 분할법은 주어진 자연수를 소수들의 곱으로 표현하는 것이다. 곱의 표현에서 각 약수들은 모두 소수여야 한다. 소인수라는 말의 의미가 정확히 그것을 반영한다. 가령 $12 = 3 \times 4$와 같이 12를 두 수의 곱으로 쓸 수 있지만 이는 소인수 분해는 아니다. 4는 소수가 아니기 때문이다. 4를 더 기본적인 수의 곱으로 쓸 수 있다. 즉 $4 = 2 \times 2$이므로 12의 소인수 분해는 12 = 2 × 2 × 3이다. 모든 자연수는 소인수 분해가 가능하며 소수를 작은 것에서 큰 순서대로 나열한다면 소인수 분해하는 방법은 한 가지밖에 없다.

모든 자연수들의 소인수 분해가 가능함은 알지만 실제로 소인수 분해를 어떻게 할 것인가는 또 다른 문제다. 실제로 아주 큰 수의 소인수 분해는 만만치 않은 계산 문제다. 2009년 RSA - 768이라고 불리는 다음 232자리의 자연수를 인수 분해하는 데는 컴퓨터 여러 대를 동원했음에도 2년이 걸렸다.

12301866845301177551304949583849627207728535695953347921973224521517264005072636575187452021997864693899564749427740638459251925573263034537315482685079170261221429134616704292143116022212404792747377940806653514195974598569021434l3

인수 분해의 어려움이 갖는 긍정적 측면도 있다. 이것으로 암호를 만드는 데 이용할 수 있다. 개발자 로널드 라이베스트Ronald Rivest, 아디 샤미르Adi Shamir, 레너드 애들먼Leonard Adleman의 이름 앞 글자를 따서 명명한 RSA 암호는 암호를 주고받을 때 인수 분해하기가 아주 어려운 큰 수를 이용한다. 어떤 문장을 암호로 만들어 보내고 싶다고 하자. 각 문자에 숫자를 부여해서 전송하고자 하는 문장을 하나의 숫자로 바꿀 수 있다. 이 수를 그대로 보내는 것이 아니라 대략 수백 자리 정도 되는 아주 큰 수를 곱해서 보낸다. 암호를 해독하려면 여기에 곱한 이 큰 수를 인수 분해할 수 있어야 한다. 암호를 받은 사람은 이 큰 수의 인수를 알고 있기 때문에 암호를 해독할 수 있지만, 중간에서 이 암호를 가로챈 사람은 본래 문장에 곱해진 큰 수의 소인수를 찾지 못하면 암호를 해독할 수가 없다. 여기서 사용하는 큰 수는 현재의 알고리즘으로 소인수를 찾는데 보통 수천 년 정도의 시간이 걸리기 때문이다.

주어진 수의 인수를 찾아내는 여러 가지 알고리즘이 지금까지 제시되었는데, 오래된 알고리즘 중 하나는 페르마 인수 분해법이라고 불리는 방법이다. 홀수의 자연수 N을 $N = a^2 - b^2$으로 표현할 수 있으면 $N = (a-b)(a+b)$와 같이 인수 분해할 수 있다. 여기서 a와 b가 서로 큰 차이가 나는 수인 경우가 좋다. 실제로 그런 수 a, b가 존재하는 것은 다음과 같이 확인할 수 있다. 홀수 N이 $N = cd$로 인수 분해된다면 c와 d 모두 홀수일 것이다. 따라서 다음과 같이 쓸 수 있다.

$$N = cd = \left(\frac{c+d}{2}\right)^2 - \left(\frac{c-d}{2}\right)^2$$

실제로 $N = a^2 - b^2$이 되는 a, b를 찾는 방법은 $\sqrt{N}$보다 큰 자연수 중 가장 작은 수를 a값에 대입해 $a^2 - N = b^2$과 같이 제곱수가 되는지 확인해 보는 것이다. 가령 $N = 5959$이면 $\sqrt{5959} \approx 77.19$이므로 $a = 78$을 선택하여 $78^2 - 5959 = 125$를 얻는다. 125는 제곱수가 아니므로 78 다음의 자연수 79를 a값으로 선택하여 시도해 본다. $79^2 - 5959 = 282$는 다시 제곱수가 아니다. 79 다음 값 80을 a값으로 선택하여 시도해 보면 $80^2 - 5959 = 441 = 21^2$으로 제곱수가 된다. 이를 이용하면 다음과 같이 인수 분해를 할 수 있다.

$$5959 = 80^2 - 21^2 = (80 - 21)(80 + 21) = 59 \times 101$$

어떤 수가 가장 아름다운가

주어진 자연수를 두 수의 곱으로 표현하는 문제는 다분히 실용적인 필요에서 출발하였다. 주어진 자연수의 모든 약수들을 알고 있다면 이 약수들을 다른 방식으로 이용하여 본래의 수를 복원할 수 있을까? 그 방식은 단순하면서도 자연스러워야 할 것이다.

수를 신비로운 대상으로 보고 이해하기를 좋아하였던 피타고라스 학파의 사람들은 자연수 중 자신보다 작은 약수(보통 진약수라고 부른다)들의 합으로 표현되는 수들이 있다는 것을 발견하였다. $6 = 1 + 2 + 3$, $28 = 1 + 2 + 4 + 7 + 14$와 같은 수들이 바로 그것이다. 이런 수들을 완전수perfect number라고 부른다. 고대부터 이들 자연수들은 자신의 모든 진약수의 합으로 표현된다는 성질 때문에 여러 수학자들을 매료시켰다.

완전수가 만족해야 하는 비범한 조건은 이런 수가 많지 않을 것이라는 것을 어느 정도 짐작하게 한다. 실제로 1914년까지 알려진 완전수는 12개밖에 되지 않았다. 그중 처음 4개의 완전수, 즉 6, 28, 496, 8128은 고대 그리스인들이 이미 알고 있었던 완전수들이다.

그럼에도 놀라운 것은 유클리드가 《원론》에서 이미 자연수가 완전수가 될 충분조건을 제시했다는 점이다.

유클리드의 정리. 만약 $2^n - 1$ 형태의 소수가 있다면, 그 수에 2^{n-1}을 곱한 수는 완전수다.

유클리드 정리의 본래 진술에 따르면 1부터 시작해서 2의 거듭제곱 수들을 순차적으로 더하다가 소수가 되면 그 소수에

그림 8.   프랑스의 수학자이자 수도사인 마랭 메르센Marin Mersenne(1588~1648)은 1644년 출간된 《물리수학론*Cogitata Physica-Mathematica*》에서 2의 거듭제곱의 순차적인 합으로 표현될 수 있는 소수들 11개의 목록을 제시하였다. 그는 르네 데카르트의 친구이기도 하며 수학 지성인들의 모임을 만들기도 했다. P. 뒤팽P. Dupin의 동판화(1765).

마지막 2의 제곱수를 곱하면 그 수가 완전수가 된다. 예를 들면 $1 + 2 + 4 = 7$이 그런 경우이고 이때 $7 \times 4 = 28$이 완전수인 것이다.

유클리드 정리를 이용하여 완전수를 찾으려면 먼저 $1 + 2 + 2^2 + \cdots + 2^{n-1} = 2^n - 1$이 소수가 되는 경우를 찾아야 한다. 이런 소수를 메르센 소수라고 한다. 여기서 만약 $n = ab$이면 $2^{ab} - 1$이 $2^a - 1$, $2^b - 1$ 모두를 약수로 가짐을 알 수 있다. 따라서 n이 소수가 되는 것이 $2^n - 1$이 소수가 될 필요조건이 된다.

물론 n이 소수라고 해서 $2^n - 1$이 반드시 소수가 되는 것은 아니다. $n = 11$은 소수이지만 $2^{11} - 1 = 2047 = 23 \times 89$는 소수가 아니다. 메르센 소수를 확인하는 것은 쉽지 않은 작업이다. 초기에 이 수에 관심을 가졌던 수학자들도 실수를 하는 경우가 있었다. 1603년 이탈리아 수학자 피에트로 카탈디Pietro Cataldi(1548~1626)는 $n = 23, 29, 31, 37$에 대해서 $2^n - 1$이 소수라고 주장했지만 1640년 페르마가 23, 37에 대해서는 소수가 아님을 확인하였다. 1738년에는 스위스 수학자 레온하르트 오일러Leonhard Euler(1707~1783)가 29에 대해서도 메르센 소수가 되지 않음을 확인하였다.

메르센 소수를 찾아내는 대표적 방법은 프랑스의 수학

자 프랑수아 에두아르 뤼카François Édouard Lucas(1842~1891)가 1876년에 제시한 다음과 같은 테스트다. 먼저 수열 L_k를 점화식 $L_0 = 4$, $L_{k+1} = L_k^2 - 2$로 정의한다. 이 수열의 값은 4, 14, 194, 37634, …와 같이 전개된다. 이때 $2^n - 1$이 소수가 될 필요충분조건은 $2^n - 1$이 L_{n-2}의 약수가 되는 것이다. 가령 $2^5 - 1 = 31$은 소수가 되는데 동시에 $L_3 = 37634$의 약수다.

현재까지 알려진 메르센 소수는 총 51개다. 가장 최근에 발견된 메르센 소수는 2018년 12월 21일에 발표된 것으로 $2^{82589933} - 1$이다. 이 수는 무려 2400만 자리가 넘는다고 한다. 메르센 소수 발견에는 흥미로운 이야기가 몇 가지 있다. 23번째 메르센 소수 $2^{11213} - 1$은 1963년 일리노이대학교의 도널드 길리스Donald Gillies가 발견하였다. 당시 수학과 학과장이었던 폴 베이트먼Paul Bateman은 이 발견을 기념하고자 학교의 우편물 소인 마크에 23번째 메르센 소수를 사용하였다고 한다. 25번째 메르센 소수 $2^{21701} - 1$은 1978년 고등학생이었던 로라 니켈Laura Nickel과 랜든 커트 놀Landon Curt Noll이 발견해서 세상을 놀라게 하였다. 두 학생이 메르센 소수 이론을 아주 잘 알고 있었던 것은 아니었다. 그들은 단지 지역 대학의 컴퓨터 시스템을 이용해 뤼카의 테스트를 적용하여 소수를 찾으려고 했다고 한다.

완전수에 대한 역사가 아주 오래되었음에도 불구하고 완전수에 대한 질문들은 많은 것들이 여전히 미해결이다. 현재까지 알려진 완전수는 모두 짝수다. 홀수이면서 완전수인 것이 있는가? 아직 그런 수를 찾지도 못했다. 사실 완전수는 모두 짝수여야 한다는 것도 증명하지 못한 셈이다. 2012년까지 컴퓨터를 통한 조사에 의하면 10^{1500} 이하의 홀수 중에는 완전수가 없다는 것이 확인되었다. 오일러는 만약 홀수의 완전수가 있다면 그 수는 $p^\alpha m^2$ 형태를 가져야 한다는 것을 보였다. 여기서 p와 α 모두 4로 나누었을 때 나머지가 1인 수다. 1953년 프랑스 수학자 자크 투샤르Jaques Touchard(1885~1968)는 만약 홀수의 완전수가 있다면 그 수는 12로 나누었을 때 나머지가 1이거나 36으로 나누었을 때 나머지가 9가 되어야 한다는 것을 보였다. 이러한 완전수는 이집트 분수를 구할 때에도 살펴보게 될 것이다.

더 하 지 도 말 고 덜 하 지 도 말 고

완전수들은 자연수들 중에서 아주 특별한 수라는 것을 알 수 있다. 그렇다면 완전수가 아닌 수들에 대해서는 무엇을 말할 수 있을까? 완전수에 매료되었던 1세기의 수학자 게라사의 니코마쿠스Nicomachus of Gerasa(60~120)도 이 질문을 생각했던 것 같다. 니코마쿠스는 수를 진약수의 합이 자신보다 큰 수, 진약수의 합이 자신과 같은 수, 진약수의 합이 자신보다 작은 수 세 종류로 나누었다. 두 번째 유형이 완전수이고, 첫 번째 수는 과잉수abundant number, 세 번째 유형의 수는 부족수deficient number라고 불렀다. 12는 과잉수인데 12의 진약수 1, 2, 3, 4, 6을 다 더하면 $1 + 2 + 3 + 4 + 6 = 16$으로 12보다 크다. 8은 부족수인데 8의 진약수 1, 2, 4를 다 더하면 $1 + 2 + 4 = 7$로 8보다 작다.

2의 거듭제곱 형태의 수는 항상 부족수다. 2^n의 진약수의 합을 다 더하면 $1 + 2 + \cdots + 2^{n-1} = 2^n - 1$이기 때문이다. 이와 같이 진약수의 합이 자신과 비교했을 때 1만큼 작은 부족수가 2의 거듭제곱 형태의 수 외에도 또 있는지는 알려진 바가 없다. 반대로 진약수의 합이 자신보다 1만큼 큰 과잉수도 생각해 볼 수 있다. 그런 수를 준완전수quasi-perfect number라고 한다. 수학자들은 준완전수에 해당하는 수는 없을 것이라고 믿고 있다. 실제로 10^{35} 이하의 수 중에는 준완전수가 없다는 것이 확인되었다.

과잉수 중에 흥미로운 유형은 유사 완전수pseudo-perfect number라 불리는 수들이다. 이들 과잉수는 자신의 진약수 중 몇 개만 취해서 더했을 때 자기 자신이 되는 수들이다. 가령 20의 진약수는 1, 2, 4, 5, 10이며 그 합은 22다. 그런데 $1 + 4 + 5 + 10 = 20$과 같이 2를 제외하고 더하면 20이 된다. 유사 완전수의 배수도 다시 유사 완전수가 된다. 2^k 형태의 수가 부족수였다면 $p < 2^{k+1} - 1$인 소수 p에 대해 $2^k p$는 항상 유사 완전수가 된다.

유사 완전수가 아닌 과잉수는 괴짜수weird number라고 불린다. 예를 들면 70은 괴짜수다. 70의 진약수를 모두 다 더하면 $1 + 2 + 5 + 7 + 10 + 14 + 35 = 74$인데 좌변에서 약수 몇 개를 빼서 합이 70이 되게 할 수 없다. 괴짜수는 유사 완전수에 비해 상대적으로 적을 것으로 기대하게 된다. 실제로 10000보다 작은 괴짜수는 7개뿐이다. 그럼에도 괴짜수는 무한히 많이 존재한다. 만약 N이 괴짜수라면, N의 모든 약수의 합보다 큰 모든 소수 p에 대해 Np는 괴짜수가 된다. 이와 같은 방식으로 만들어지지 않는 괴짜수를 찾는 것은 좀 더 노력이 필요하다. 사실 다른 괴짜수의 배수가 아닌 괴짜수도 무한히 많이 있는지는 알려져 있지 않다.

2015년 스위스 수학자 주세페 멜피Giuseppe Melfi는 다른 괴짜수의 배수가 아닌 $2^k pq$(p, q는 2보다 큰 서로 다른 소수) 형태의 괴짜수를 만들어 내는 알고리즘을 제안했다. 만약 쌍둥이 소수, 즉 서로 이웃하는 소수 중 차이가 2인 소수의 쌍이 무한히 많이

있다는 예상이 참이라면 그의 알고리즘은 다른 괴짜수의 배수
가 아닌 괴짜수가 무한히 많이 있다는 것을 함의한다고 한다.

이 집 트 인 들 의   분 수

머핀 13개를 12명이 나누어 먹으려고 한다. 어떻게 나누면 될
까? 머핀 6개를 취해 각각 절반으로 나누어 12조각을 만든다.
남아 있는 머핀 7개 중 4개를 취해 각각 같은 크기로 세 조각
으로 나누어 총 12조각을 만든다. 이제 남아 있는 세 머핀의
각각을 4등분해서 총 12조각을 만든다. 이제 각 사람에게 절
반의 조각과 1/3 조각과 1/4 조각을 주면 모두 동일한 양의 머
핀을 받게 된다. 이를 식으로 표현해 보면 $(1/2 + 1/3 + 1/4)$
$\times 12 = 13$이 된다. 이 문제는 수학적으로 $\frac{13}{12} = \frac{1}{2} + \frac{1}{3} + \frac{1}{4}$을
얻는 문제다.

　　고대 이집트인들은 주어진 분수를 분자가 1인 분수들의 합
으로 표현하는 문제에 관심이 있었다. 이때 분자가 1인 각 분수
의 분모는 서로 다른 수다. BC 1650경에 쓰여진 것으로 추정하
는 고대 이집트의 문서 린드 파피루스Rhind Papyrus에는 5부터
101까지의 n에 대해 $\frac{2}{n}$를 분자가 1인 분수들의 합으로 표현한 표

그림 9.   린드 파피루스는 스코틀랜드의 이집트학 학자인 A. 헨리 린드A. Henry Rhind의 이름을 딴 것이다. 린드는 1858년 이집트에서 이 고문서를 구입했다. 길이가 6m, 폭이 30cm인 두루마리 형태의 이 문서는 BC 1650년경에 필사가 아메스Ahmes가 쓴 것으로, 그는 200년도 넘은 문헌을 필사하는 것이라고 적고 있다. 따라서 린드 파피루스에서 다루는 내용이 존재했던 시기는 BC 1850년경까지 거슬러 올라갈 수 있다. 여기에는 87가지 정도의 문제가 등장하는데, 이집트 숫자로는 나눗셈과 곱셈이 쉽지 않았을 것임에도 기본 산술에서부터 기하학과 방정식의 풀이까지 다룬다. 린드 파피루스가 방정식과 관련된 문제들을 다룬다고는 하나, 그것들은 오늘날 우리가 아는 것과는 다르다. 이때는 대수학의 초기에 해당하는 시기였고 방정식이 등장한 것은 수세기가 지난 다음이었다(출처: 마이클 윌러스, 《수학 캠프》, 유지수 옮김, 컬처룩, 2012).

가 있다. 린드 파피루스에 등장하는 이집트인의 분수에 대한 표는 다음 사이트 등에서 볼 수 있다(https://en.wikipedia.org/wiki/Rhind_Mathematical_Papyrus_2/n_table). 머핀을 나누는 문제에서 살펴본 것처럼 이집트인의 분수로 쓰는 법은 상당히 실용적인 산술 문제다. 모든 분수를 이집트인의 분수로 쓸 수 있을까?

이집트인들이 사용했을 것이라고 추측하는 방법 중 하나는 다음과 같다. 먼저 $\frac{1}{n} = \frac{1}{n+1} + \frac{1}{n(n+1)}$이 됨을 주목한다. 이를 이용하면 n이 홀수일 때 $\frac{2}{n} = \frac{2}{n+1} + \frac{2}{n(n+1)}$가 되어 린드 파피루스에 나오는 경우 중 일부에 대해 이집트 분수를 얻는다.

이탈리아 수학자 레오나르도 피보나치Leonardo Fibonacci (1170~1250)는 《산반서Liber Abaci》(1202)에서 이 문제를 다루면서 실제적인 알고리즘을 제시하였다. 분수 7/15을 가지고 피보나치의 알고리즘을 설명해 보자. 먼저 15를 7로 나눈 몫에다 1을 더한 수를 찾는다. 그 수는 3이다. 먼저 이 3을 분모로 하는 단위 분수를 취하여 $\frac{7}{15} = \frac{1}{3} + \frac{2}{15}$와 같이 쓴다. 이제 $\frac{2}{15}$에 대해 마찬가지로 15를 2로 나눈 몫에다 1을 더한 수를 찾는다. 그 수는 8이다. 8을 분모로 하는 단위 분수를 취하면 $\frac{2}{15} = \frac{1}{8} + \frac{1}{120}$이 된다. 따라서 $\frac{7}{15} = \frac{1}{3} + \frac{1}{8} + \frac{1}{120}$의 이집트 분수를 얻는다. 이 알고리즘을 적용한다면 모든 분수를 이집트인의 분수로 쓸 수 있을 것이다.

그러나 피보나치의 알고리즘에는 문제가 하나 있다. 그의 알고리즘을 적용하다 보면 단위 분수 중 분모가 아주 큰 수가 나올 수 있다는 것이다. 가령 $\frac{5}{121}$에 피보나치의 알고리즘을 적용하면 $\frac{5}{121} = \frac{1}{25} + \frac{1}{757} + \frac{1}{763309} + \frac{1}{873960180913}$을 얻을 수 있다. 사실 이보다 더 나은 이집트 분수가 있는데 $\frac{5}{121} = \frac{1}{33} + \frac{1}{121} + \frac{1}{363}$이다.

지금까지 제안된 이집트 분수를 얻는 알고리즘은 여러 가지가 있다. 가령 분쟁 해결법이라고 불리는 알고리즘은 다음과 같다. 분수 $\frac{m}{n}$은 $\frac{1}{n} + \cdots + \frac{1}{n}$과 같이 단위 분수 $\frac{1}{n}$의 m개의 합으로 볼 수 있다. 이는 물론 모두 동일한 단위 분수이므로 이집트 분수는 아니다. 이제 두 개씩 짝을 지어 이를 한 개의 단위 분수로 대체해 보자. n이 짝수라면 $\frac{1}{n} + \frac{1}{n}$은 한 개의 단위 분수가 될 것이다. 만약 n이 홀수라면 앞에서 소개했던 $\frac{2}{n} = \frac{2}{n+1} + \frac{2}{n(n+1)}$를 이용한다. 최종적으로 이집트 분수를 얻을 때까지 이 과정을 반복한다. $\frac{5}{6}$를 가지고 해 보자.

$$\frac{1}{6} + \frac{1}{6} + \frac{1}{6} + \frac{1}{6} + \frac{1}{6} = \frac{2}{6} + \frac{2}{6} + \frac{1}{6} = \frac{1}{3} + \frac{1}{3} + \frac{1}{6}$$

$$= \frac{2}{3} + \frac{1}{6} = \frac{2}{4} + \frac{2}{12} + \frac{1}{6}$$

$$= \frac{1}{2} + \frac{1}{6} + \frac{1}{6} = \frac{1}{2} + \frac{1}{3}$$

이집트 분수는 앞서 소개했던 유사 완전수와도 관계가 있다. 유사 완전수는 자신의 진약수 중 일부의 합으로 표현되는 수다. 가령 유사 완전수 $20 = 1 + 4 + 5 + 10$의 경우 양변을 20으로 나누어 보면 $1 = \frac{1}{2} + \frac{1}{4} + \frac{1}{5} + \frac{1}{20}$로 1에 대한 이집트 분수를 얻을 수 있다. 1에 대한 이집트 분수는 무수히 많이 있겠지만 어떤 특별한 이집트 분수가 가능한지에 대한 질문이 있다. 영국 수학자 존 리치는 1에 대한 이집트 분수로 분모가 모두 홀수인 것이 가능한지를 질문했다. 만약 가능하다면 최소한 몇 개가 필요할까? 그는 다음과 같은 예를 들었다.

$$1 = \frac{1}{3} + \frac{1}{5} + \frac{1}{7} + \frac{1}{9} + \frac{1}{15} + \frac{1}{21} + \frac{1}{27} + \frac{1}{35} + \frac{1}{63} + \frac{1}{105} + \frac{1}{135}$$

이는 유사 완전수 945를 진약수 11개의 합으로 표현한 식에서도 얻을 수 있다. 존 리치는 최소한 9개는 필요하다고 예상했다.

헝가리 출신 수학자 팔 에르되시Pál Erdös(1913~1996)는 1에 대한 이집트 분수에 대해 흥미로운 질문들을 많이 하였다. 가령 자연수 $x_1 < x_2 < \cdots < x_k$에 대해 $\frac{1}{x_1} + \frac{1}{x_2} + \cdots + \frac{1}{x_k} = 1$일 때

그림 10. "수가 아름답지 않다면 도대체 아름다운 것이 어떤 것인지 난 정말 모르겠소." 헝가리 출신의 수학자 팔 에르되시는 20세기 가장 기이한 수학자로 알려져 있다. 평생 독신으로 어머니와 함께 살았던 그는 특정 대학에 적을 두지 않고 여행 가방 하나를 든 채 여러 나라를 다니며 다양한 수학자들과 연구를 하였다. 논문을 1525편이나 썼는데 수학사에서 그보다 논문을 많이 쓴 사람은 오일러 정도일 것이다. 그는 사람들과 함께 연구하는 것을 좋아하여 그의 논문의 공저자 수만 해도 500명이 넘는다. 이는 수학사를 통틀어 가장 많은 수다. 에르되시는 정수론, 그래프론, 확률론, 해석학, 근사 이론 등 다양한 분야에 획기적인 업적을 남겼다. 그 공로로 1983년 울프Wolf상을 수상하였다. (사진: *N Is a Number: A Portrait of Pál Erdös*, George Paul Csicsery, 1993)

k가 만약 고정된 수라면 x_1이 가질 수 있는 가장 큰 값은 무엇일까? 사실 k가 크지 않은 대부분 경우를 보면 $x_1 = 2$다. 즉 유사 완전수 N을 진약수의 합으로 쓸 때 $N = d_1 + \cdots + d_k$에서 $d_k = N/2$인 것이다. 이 경우 유사 완전수들은 짝수다. $x_1 = 3$을 기대하려면 홀수의 유사 완전수를 찾아야 하는데 가장 작은 홀수의 유사 완전수는 945이고 그때 $k = 11$이다.

간결한 것이 가장 아름답다

우리는 앞에서 주어진 자연수를 나누는 문제를 다룰 때 기본적으로 소인수 분해라는 것을 먼저 생각하였다. 주어진 자연수 N을 소인수 분해하려면 N보다 작은 소수 하나 하나로 나누어서 소인수들을 찾아보아야 한다. 137을 생각해 보자. 마지막 자리가 홀수이므로 2를 소인수로 가지지 않는다. 그렇다면 3, 5, 7, 11의 순서대로 차례차례 나누어 본다. 이들 모두로도 나누어지지 않는다. 그러면 그다음 소수 13으로 나누어 보아야 할까? 그런데 $13 \times 13 = 169$이므로 13으로 만약 나누어진다면 137은 처음부터 13보다 작은 소수를 인수로 가졌어야 한다. 따라서 소수 11까지 소인수 분해를 해 보고 나누어지지 않는다면 137은 소수인 것이다.

137을 소인수 분해하는 과정을 보면서 우리는 몇 가지를 깨닫게 된다. 첫 번째 어떤 수 N을 소인수 분해하려면 그 수보다 작은 소수를 모두 알아야 한다. 즉 처음부터 모든 소수에 대한 목록이 있어야 한다. 만약 그런 것이 처음부터 없다면 N의 소인수를 찾기 위해, N보다 작은 각각의 수에 대해 어떤 수가 소수인지를 먼저 확인하는 과정을 거쳐야 한다. 두 번째는 주어진 수가 소수인지를 판정하는 과정도 결국 그 수보다 작은 소수들로 나누어 보는 수밖에 없다.

소수가 만약 유한개밖에 없다면 어떨까? N이 아무리 큰 수라도 이 유한개의 소수로 나누어 보면서 소인수들을 찾기만 하면 되지 않을까? 고대인들도 유사한 질문을 한 것 같다. 그러나 유클리드의 《원론》에 실려 있는 유명한 정리는 소수의 개수는 무한하다고 말한다. 이 정리 자체도 중요하지만 이 정리의 증명은 간결하고 아름답기로 유명하다. 소수가 무한히 많다면 그 소수들을 쉽게 찾을 수 있는 방법은 없을까? 또 소수가 무한히 많다면 자연수 안에서 소수는 얼마나 자주 나타날까?

현재까지 여러 가지 소수에 대한 판별법이 소개되어 있다. 페르마의 소수 판별법은 페르마의 소정리라 불리는 다음 정리를 응용한 것이다.

페르마의 소정리. 소수 p와 p의 배수가 아닌 a에 대해서 a^{p-1}은 p로 나누면 1을 나머지로 갖는다.

가령 소수 3에 대해 $a = 7$을 선택하면 $7^2 = 49 = 3 \times 16 + 1$이 된다. 페르마의 소수 판별법은 이 정리의 대우를 사용하는 것이다. 주어진 수 p가 소수인지 아닌지 판별하고 싶다고 하자. 여기서 p가 홀수라고 가정해도 무방하다. p의 배수가 아닌 a를 하나 선택한다. 이때 주의할 것은 a가 p로 나누었을 때 나머지가 1이거나 -1이 아니어야 한다. 왜냐하면 이 경우는 a^{p-1}이 자동으로 p로 나누었을 때 1이 되기 때문이다. 따라서 $1 < a < p - 1$인 a를 선택한다. 이제 a^{p-1}을 p로 나누었을 때 1이 아니라면 p는 합성수인 것이다. 만약 나머지가 1이라면 어떻게 되는가? 그 경우 p는 소수일 수도 있고 아닐 수도 있다.

페르마의 소수 판별법을 이용하여 91이 소수인지 아닌지 판별해 보자. $a = 3$을 선택하면 3^{90}은 91로 나누었을 때 나머지가 1이다. 이때는 결론을 내릴 수 없기 때문에 다른 a를 선택하여 다시 시도해 본다. $a = 2$를 사용하면 2^{90}은 91로 나누었을 때 나머지가 1이 아니다. 따라서 91은 합성수다.

페르마의 소수 판별법에서 a^{p-1}을 p로 나눈 나머지가 1이 되는 경우 다른 a를 시도해 볼 수 있지만 만약 a를 바꾸어도 계속 나머지가 1이 된다면 어떻게 해야 할까? 사실 p가 합성수인데도 그렇게 될 수 있다. 이런 수들은 페르마의 판별법을 빠져나가는 수라고 볼 수 있다. 1899년 독일 수학자 알빈 코르젤트Alwin Korselt(1864~1947)는 그러한 수에 대한 판정법을 제시했다.

> 코르젤트의 정리. 홀수의 합성수 N이 자신과 서로소인 모든 a에 대해 a^{N-1}을 N으로 나눈 나머지가 1이 되는 것을 만족할 필요충분조건은 N이 제곱수가 아니고 N의 모든 소인수 p에 대해 $p-1$이 $N-1$의 약수다.

실제로 코르젤트 정리를 만족하는 합성수가 존재한다는 것은 1910년 미국 수학자 로버트 대니얼 카마이클Robert Daniel Carmichael(1879~1967)이 증명하였다. 그는 그런 수의 존재뿐 아니라 그중 가장 작은 수가 561이라는 것을 보였다. 카마이클의 발견 이후 홀수의 합성수 N 중에서 자신과 서로소인 모든 a에 대해 a^{N-1}을 N으로 나눈 나머지가 1이 되는 N을 카마이클 수라고 한다.

자연수 561은 제곱수가 아니고, $561 = 3 \times 11 \times 17$이다. 2, 10, 16이 모두 560을 나눈다. 코르젤트의 정리를 적용하면

561은 카마이클 수다. 카마이클 수는 무한히 많이 존재하는 것이 알려져 있다.

소 수 를 찾 을 확 률 은 로 그 가 결 정 한 다 ?

이번에는 자연수 안에 소수들의 분포에 대해 생각해 보자. 기본적으로 소수들의 다양한 곱을 통해 합성수를 만들어 내기 때문에 소수들은 전체 자연수 안에서 희박할 것이라고 짐작할 수 있다. 과연 얼마나 희박할까? 자연수 N에 대해 N과 같거나 작은 소수의 개수는 얼마일까? 이는 N에 따라 달라지므로 N의 함수로 볼 수 있다. 보통 이 값을 $\pi(N)$으로 표현하고 이를 소수 계량 함수라고 부른다. 이 함수는 증가함수일 터인데 얼마나 빠른 속도로 증가하는 함수일까?

1797년 프랑스의 수학자 아드리앵 마리 르장드르Adrien-Marie Legendre(1752~1833)는 다른 수학자들이 만들어 놓은 소수의 목록을 자세히 관찰하여 $\pi(N)$이 어떤 상수 C가 있어서 대략 $\frac{N}{\log N + C}$ 의 크기로 증가하는 함수일 것이라고 예상하였다. (여기서 log는 자연로그, 즉 밑수가 자연 상수 e인 로그다). 한편 1792년 15세의 가우스도 독립적으로 르장드르와 같은 예상을 하였다. 1896년 프랑스 수학자 자크 아다마르Jaques Hadamard (1865~1963)와 벨기에 수학자 샤를장 드 라 발레푸생Charles-Jean de la Vallée-Poussin(1866~1962)은 독립적으로 $\frac{\pi(x)}{x/\log x}$가 x가 무한대로 갈 때 1로 수렴한다는 것을 증명하였다. 이는 소수의 정리라 불리는 정수론의 대표적 정리 중 하나다.

이것을 이용하면 소수의 비율을 추산할 수 있다. 가령 100만보다 작은 소수가 100만까지의 자연수 중에서 차지하는 비율을 알 수 있다. 소수 정리를 이용하면 $\frac{\pi(10^6)}{10^6} \sim \frac{1}{\log 10^6} \approx \frac{1}{13.8}$이므로 100만 이하의 자연수 중 소수가 차지하는 비율이 7.2%라고 이야기할 수 있다. 숫자가 훨씬 더 커지면 소수의 밀도는 물론 훨씬 더 희박해진다. 가령 1000자리를 넘지 않는 소수의 비율을 알아보자. 소수의 정리를 사용하면 $\frac{\pi(10^{1000})}{10^{1000}} \sim \frac{1}{100\log 10} \approx \frac{1}{2302.6}$이므로 2300개의 자연수를 무작위로 뽑으면 대략 그중 한 개가 소수인 셈이다.

어느 중국 수학자의 반전

소수의 정리가 비록 자연수 안에서 소수의 밀도가 로그 함수에 반비례하여 감소하는 것을 보여 주기는 하지만, 실제로 소수들이 구체적으로 어떻게 분포되어 있는지 알아내는 것은 쉽지 않다. 가령 수가 크지 않을 때는 소수들의 밀도는 상대적으로 낮지 않다. 이것이 말해 주는 것은 작은 소수들끼리는 서로 상당히 가까운 거리에 있다는 것이다. 처음 몇 개의 소수를 나열해 보면 2, 3, 5, 7, 11, 13, 17, 19, 23, 29, 31, …인데 이웃하는 소수들 대부분 차이가 2밖에 안 나는 것같이 보인다. 물론 30을 넘기 전에 벌써 차이가 6인 소수쌍이 있기는 하다.

그렇다면 아주 큰 수들에 대해서는 소수들의 밀도가 낮아지기 때문에 소수들 사이의 간격도 아주 많이 벌어지는 것은 아닐까? 두 이웃하는 소수의 차이가 2인 소수쌍(보통 쌍둥이 소수라고 부른다)이 더 이상 나타나지 않는 것은 아닐까? 물론 그런 쌍둥이 소수들이 나타날 확률은 점점 낮아지겠지만 아주 0이라고 말할 수 있을까?

1849년 프랑스 수학자 알퐁스 드 폴리냐크Alphonse de Polignac(1826~1863)는 각 짝수 m에 대해서 p와 $p + m$이 모두 소수인 p가 무한히 많을 것이라고 예상했다. $m = 2$가 쌍둥이 소수인 경우다. 실제로 수학자들은 아주 큰 쌍둥이 소수를 찾아내기도 하였다. 현재까지 발견된 가장 큰 쌍둥이 소수는 2016년에 발표된 것으로 무려 38만 8342자리나 된다. 1999년 잭 브레넌Jack Brennan은 특정한 형태의 흥미로운 쌍둥이 소수들에 대해 보고했다. 자연수 k가 소수 3, 5, 7, 11, 13, 13487의 곱이고 $n = 2, 12, 17, 28, 31, 33, 42, 55, 62, 86, 89, 91$이면 $k2^n - 1$, $k2^n + 1$은 모두 소수임을 보였다. 좀 더 큰 k에 대해서도 고정된 k값에 대해 일련의 쌍둥이 소수들을 찾아낸 다른 사례들도 보고가 되었다. 가장 일반적인 예상은 이미 1923년 고트프리 하디와 존 이든저 리틀우드John Edensor Littlewood (1885~1977)에 의해 제시되었다. 하디와 리틀우드는 자연수 N보다 작은 쌍둥이 소수의 비율이 대략 $\frac{2C}{(\log N)^2}$일 것이라고 예상하였다. (여기서 C는 0.66에 가까운 상수다.)

최근까지도 폴리냐크의 예상이 참임을 보여 주는 어떤 m에 대해서도 아는 바가 없었다. 2013년 당시 무명이었던 중국의 수학자 장이탕張益唐[•]은 그런 m이 존재함을 처음으로 증명하여 세계를 놀라게 하였다. 장이탕은 그 m이 7000만보다 작은 어떤 수임을 증명하였다. 이후 수학자들은 2013년 여름까지 폴리매스 8이라는 공동 연구 프로젝트를 통해 장이탕의 방법을 개선하여 m의 상한값 7000만을 4680으로 낮추었다. 그러나 여전히 큰 수였다. 같은 해 11월 당시 영국 옥스퍼드대학교를 갓 졸업한 스물여섯 살의 제임스 메이나드James Maynard

---

[•] 1955년 상하이에서 태어난 장이탕은 열 살 때 처음 '페르마의 정리'와 '골드바흐의 예상'을 듣고 수학에 관심을 갖게 되었다. 문화대혁명으로 인해 가족이 시골 농장으로 이주하게 되고, 학교를 다니지 못한다. 하지만 스물세 살에 독학으로 베이징대학교에 입학하면서 연구를 시작한다.

는 혼자서 장이탕의 발견에 대해 다른 증명을 찾아내서 m의 상한값을 600으로 획기적으로 낮추어 세계를 다시 한 번 놀라게 했다. 메이나드의 발표 이후 폴리매스 8은 프로그램을 바꾸어 메이나드의 방법을 통해 m의 상한값을 252까지 낮추는 데 성공하였다. 언젠가 $m = 2$가 되는 날이 오기를 기다려본다.

소 수 를 만 드 는 공 식 이 있 다 면

주어진 자연수가 소수임을 판별하는 것도, 소수가 어떻게 분포하는지 알아내는 것도 모두 쉽지 않은 문제임을 살펴보았다. 오래전부터 어떤 소수들은 어떤 규칙을 갖는 수열의 일부로 등장하기도 해 소수를 만들어 내는 규칙의 가능성을 기대하기도 했다. 그중 가장 유명한 것이 1772년 오일러가 발표한 다항식 $n^2 + n + 41$이다. 정말 신기하게도 $n = 0$부터 39까지 모든 40개의 수에 대해 이 다항식의 값은 전부 소수다. 하디와 리틀우드는 일반적으로 a가 음의 제곱수가 아니라면 고정된 a값에 대해 다항식 $n^2 + a$가 만들어 내는 소수의 개수는 어떤 상수 C에 대해 대략 $C\dfrac{n}{\log n}$ 정도일 것이라고 예상하였다.

특별한 형태의 흥미로운 소수 중 하나는 페르마 소수라고 불리는 $2^{2^m} + 1$ 형태의 소수다. $m = 0, 1, 2, 3, 4$에 대해 3, 5, 17, 257, 65537은 모두 소수다. 사실 $2^k + 1$ 형태의 소수를 찾는다면 일단 k가 2의 거듭제곱이어야 한다. 그런 점에서 페르마 수가 소수가 되는 것을 기대해 볼 만하다. 그러나 $m = 5$인 경우는 $2^{2^5} + 1 = 641 \times 6700417$로 소수가 아니다. 이뿐 아니라 $m = 32$까지 모든 자연수 m에 대해 페르마 수는 합성수라는 것이 밝혀졌다. 수학자들은 사실상 m이 5 이상인 경우는 페르마 수가 모두 합성수라고 예상하고 있다.

그럼에도 불구하고 합성수가 되는 페르마 수들은 아주 큰 소수를 인수로 갖고 있다. 이 큰 소인수들은 흥미로운 점이 있다. 먼저 1878년 뤼카가 증명한 다음 정리를 보자.

뤼카의 정리. 만약 m이 1보다 큰 자연수일 때 m번째 페르마 수 $2^{2^m} + 1$이 p를 소인수로 가지면 p는 $p = k2^{m+2} + 1$ 형태를 갖는다.

페르마 수의 소인수가 갖는 이 성질은 중요한 의미가 있다. 보통 아주 큰 소수는 메르센 소수 가운데서 발견되는 데 반해 페르마 수의 인수로 등장하는 아주 큰 소수는 뤼카의 정리가 말해 주는 것처럼 메르센 소수가 아니다. 이는 메르센 소수가 아닌 큰 소수를 찾는 데 유용하다. 2003년 아일랜드 수학자 존 코스그레이브John Cosgrave는 $m = 2145351$일 때의 페르마 수가 소인수로 $3 \times 2^{2145353} + 1$을 가짐을 보였다. 이는 당시 알려진 소수 중 메르센 소수가 아닌 것으로 가장 큰 소수였다. 같은 해 코스그레이브는 다시 메르센 소수가 아닌 소수를 더 큰 페르마 수에서 찾을 수 있었다. $m = 2478782$일 때의 페르마 수의 소인수 $3 \times 2^{2478785} + 1$이 그것이다.

페르마 수는 수학사에서 아주 흥미로운 정리에 등장을 한다. 고대 그리스인들로부터 제기된 유명한 작도 문제 중 하나는 자와 컴퍼스만으로 정n각형을 작도할 수 있느냐다. 그리스인들은 정삼각형, 정사각형, 정오각형을 자와 컴퍼스로 작도하는 법을 알았다. 뿐만 아니라 일단 정n각형을 자와 컴퍼스로 작도할 수 있으면 정$2n$각형도 가능하다는 것을 알았다. 따라서 $n = 2^k$, 2^k3, 2^k5인 경우 정n각형을 자와 컴퍼스를 이용하여 작도할 수 있다. 그 외에는 어떨까? 1796년 19세의 가우스는 정17각형은 자와 컴퍼스로 작도할 수 없음을 보였다. 여기서 17은 페르마 소수다. 이것은 우연이 아니었다. 5년 후 가우스는 n이 2의 거듭제곱과 페르마 소수의 곱일 경우에는 정n각형이 자와 컴퍼스로 작도할 수 있음을 보였다. 그는 또한 이 경우가 작도가 가능한 유일한 경우라고 주장하였다. 가우스의 주장은 1837년 프랑스 수학자 피에르 방첼Pierre Wantzel(1814~1848)이 실제로 증명하는 데 성공하였다.

페르마 소수는 다음과 같은 작도에도 다시 등장한다. (야코프) 베르누이의 렘니스케이트lemniscate라는 곡선이 있다(곡선의 이름은 라틴어 렘니스쿠스lemniscus에서 왔는데 이는 펜던트 리본이라는 뜻이다). 이는 좌표 평면 위에 방정식 $(x^2 + y^2)^2 = 2(x^2 - y^2)$로 정의한다. 이 곡선의 흥미로운 점은 두 점 $(-1, 0)$, $(1, 0)$으로부터 곡선 위의 각 점까지의 거리의 곱이 항상 1이라는 것이다. 노르웨이 수학자 닐스 아벨Niels Abel(1802~1829)은 다음과 같은 흥미로운 정리를 증명했다.

아벨의 정리. 만약 n이 $n = 2^k p_1 p_2 \cdots p_j$ (여기서 $k \geq 0$, $j \geq 0$이고 $p_1, \cdots, p_j$는 페르마 소수다) 형태의 수이면 렘니스케이트 곡선은 자와 컴퍼스를 사용하여 동일한 길이를 갖도록 n등분하는 것이 가능하다.

아벨은 가우스의 정수론 교과서 《산술연구Disquisitiones Arithmeticae》(1798)에서 위 정리를 착안하였다. 가우스는 사실상 아벨이 증명한 정리가 가능할 것이라는 것을 예상하였다. 가우스는 정17각형의 작도 문제에 대해 자신이 적용한 이론이

그림 11. 렘니스케이트 곡선은 두 점 F_1과 F_2에서 곡선까지 거리의 곱이 1이다. 아벨은 자와 컴퍼스를 사용하여 렘니스케이트가 동일한 길이를 갖도록 n등분할 수 있음을 증명하였다. 노르웨이 예르스타드에 있는 아벨의 기념비에 새겨진 렘니스케이트. 아벨의 탄생 200주년인 2002년 노르웨이 학술원은 아벨의 업적을 인정해 '아벨상Abel Prize'을 제정해 수학 연구를 후원하고 있다. (사진: Torgrim Landsverk)

원을 다루는 함수인 삼각 함수뿐 아니라 타원이나 렘니스케이트 같은 곡선을 다루는 함수인 다른 초월 함수에도 일반화될 수 있을 것이라는 점을 《산술연구》에서 언급하였다. 가우스는 이후에 별도로 자신의 수학 노트에 그 일반화를 어떻게 할 수 있는지 기록하여 놓았으나 공개되지 않았다.

1826년 아벨은 이른바 타원 함수에 가우스가 정17각형의 작도 문제에 대해 사용한 아이디어를 일반화시키는 데 성공한다. 이는 위에 소개한 렘니스케이트의 등분 정리로 이어졌다. 이는 지금도 여전히 저명한 수학 저널 중 하나인 ('크렐레 저널'이라는 이름으로도 유명한) 〈순수와 응용 수학을 위한 학술지 *Journal für die reine und angewandte Mathematik*〉에 발표되었다. 그 논문은 단지 이 정리만 증명한 것이 아니라 오늘날 타원 함수 이론이라고 부르는 것에 대해 최초로 심도 있게 다루었다.

피 보 나 치 수 는 소 수 를 만 들 어 낼 까

수학에서 가장 유명한 수열인 피보나치 수열 1, 1, 2, 3, 5, 8, …은 점화식 $F_1 = 1$, $F_2 = 1$, $F_n = F_{n-1} + F_{n-2}$ ($n \geq 3$)에 의해 정의된다. 피보나치 수열은 경우의 수를 세는 여러 가지 다

양한 상황에서 자연스럽게 등장하기에 많은 수학자들이 관심을 갖고 연구하였다.

피보나치 수열은 점화식을 통해 생성할 수 있는 수열이기 때문에 피보나치 수열과 소수가 어떤 연관성이 있다면 상당히 흥미로울 것이다. 먼저 피보나치 수열의 2보다 큰 소수번째 수들을 한번 살펴보자. 처음 네 개를 보면 $F_3 = 2$, $F_5 = 5$, $F_7 = 13$, $F_{11} = 89$다. 이들은 모두 소수다. 그렇다면 p가 2보다 큰 소수라면 F_p는 소수라고 주장할 수 있을까? 이는 참이 아니다. 예를 들어 소수 19에 대해 19번째 피보나치 수는 $F_{19} = 4181 = 113 \times 37$로 합성수다. 그럼에도 이 현상에는 더 생각해 볼 여지가 있다. 먼저 n이 약수 m을 가지면 F_n은 F_m을 약수로 가진다는 것이 알려져 있다. 예를 들면 9는 3의 배수이며 $F_9 = 34$는 $F_3 = 2$를 약수로 가진다. 이것이 말해 주는 것은 n이 합성수이면 일단 F_n은 합성수라는 것이다. (여기서 n = 4는 예외다. $F_4 = 3$인데 4의 약수가 2이고 $F_2 = 1$이기 때문이다.) 따라서 피보나치 수열 중 소수를 기대한다면 순서를 나타내는 수 n이 일단 소수가 되어야 한다. 실제로도 소수 번째 피보나치 수가 소수가 되면 이를 피보나치 소수라고 부른다.

소수 p에 대해 F_p가 합성수라고 해도 F_p가 갖는 소인수에 흥미로운 점이 있다. 피보나치 수 F_p의 소인수 중 적어도 하나는 그 앞의 피보나치 수나 또는 그 수의 소인수로 등장하지 않는다는 점이다. 가령 $F_{19} = 4181 = 37 \times 113$인데 피보나치 수열과 그 소인수들을 망라했을 때 37이 등장하는 것은 4181이 처음이다.

우리는 앞에서 메르센 소수나 페르마 소수를 다루었다. 그러한 형태의 소수들이 유한개 또는 무한히 많이 존재한다는 것은 2의 거듭제곱 형태의 수가 다른 수에 비해 주변에 소수를 갖고 있을 확률이 높다는 의미이기도 하다. 즉 어떤 수열 a_n이 소수는 아닐 수 있지만 $a_n + 1$ 또는 $a_n - 1$이 소수라면 이 수열이 소수의 이해에 대해 어떤 빛을 던져 준다는 것이다. 피보나치 수열은 어떨까? 7번째에서 13번째까지 피보나치 수, 즉 13, 21, 34, 55, 89, 144, 233 중 1을 더하거나 빼서 소수가 되는 수는 하나도 없다. 사실상 피보나치 수는 1을 더하거나 빼면 합성수가 된다. 즉 다음과 같이 성립하기 때문이다.

$$F_{2n} + (-1)^n = (F_{n+2} + F_n)F_{n-1}$$

$$F_{2n} - (-1)^n = (F_n + F_{n-2})F_{n+1}$$

$$F_{2n+1} + (-1)^n = (F_{n+1} + F_{n-1})F_{n+1}$$

$$F_{2n+1} - (-1)^n = (F_{n+2} + F_n)F_{n+1}$$

심지어는 피보나치 수의 제곱을 생각해도 거기에 1을 더해서 소수가 되지 않는다. 아주 드물지만 k가 2보다 큰 경우 $F_n^k + 1$ 형태의 소수가 없는 것은 아니다. 가령 $F_9^4 + 1 = 34^4 + 1 = 1336337$은 소수다. 흥미로운 점은 현재까지 알려진 $F_n^k + 1$ 형태의 소수는 모두 k가 2의 거듭제곱이라는 것이다.

3

만물의 형태에
깃 들 인
질서를 찾아서

원근법은 사영기하학의 발전에 큰 영향을 주었다. 그림은 네덜란드의 건축가이자 화가 한스 프레데만 데 프리스Hans Vredeman de Vries(1527~1607)의 〈인물들이 있는 건축물을 그린 카프리초Capriccio architettonico con figure〉(1568).

프랙털은 자기유사성 구조를 갖는 기하학적 대상을 지칭한다. 대상의 한 부분을 확대하면 전체와 동일한 패턴을 갖는다. 시에르핀스키 정사면체(사진)는 정해진 비율로 각 면의 가운데 삼각형을 계속해서 제함으로써 얻어지는 프랙털이다. (사진: commons.wikimedia.org)

쪽매맞춤tesselation은 평면을 한 가지 또는 두세 가지의 정다각형을 이용해 빈틈이 없이 채우는 것이다. 고대로부터 특별한 의미를 갖는 건물의 바닥이나 벽을 장식하는 방법으로 즐겨 사용되었다. 한 가지 정다각형으로 쪽매맞춤을 한다면 오직 정삼각형, 정사각형, 정육각형만이 가능하다. 모리츠 코르넬리스 에셔Maurits Cornelis Escher(1898~1972)는 쪽매맞춤의 아이디어를 이용한 작품으로 유명하다. 네덜란드 레이우아르던 프린세스호프 도자기 박물관 벽에 있는 이 작품은 한 종류의 평행사변형을 사용한 쪽매맞춤을 응용한 것이다(에셔의 1942년작 *Regular Division of the Plane Drawing #47*로 만든 작품). 쪽매맞춤에 등장하는 대칭은 추상 대수학의 주요 개념인 군으로 설명이 가능하다. (사진: Bouwe Brouwer)

디 도 여 왕 의 반 원

평면 기하는 수학에서 가장 오래된 분야 중 하나다. 기하학 연구는 다분히 실용적인 문제에서 출발하였다. 다각형 모양의 토지 면적을 구하는 문제라든가 한 지점에서 일정 거리 이상 떨어진 두 점 사이의 거리를 구하는 문제와 같은 것이 그 예라고 할 수 있다. 평면 기하학에서 일차적으로 다룰 수 있는 대상은 다각형이다. 다각형은 n개의 점을 직선으로 이어서 생긴 닫힌 도형이다. 다각형의 각 변의 길이가 모두 같고 내각이 서로 같을 때 정다각형이라고 부른다. 정삼각형, 정사각형, 정오각형, 정육각형 같은 것들이 대표적인 정다각형이다.

둘레의 길이가 일정한 다각형 모양의 울타리를 만든다고 하자. 이때 울타리의 기둥에 해당하는 점이 다각형의 꼭짓점이라 볼 수 있다. 처음부터 기둥의 개수를 한정한다고 해 보자.

울타리가 둘러싸는 면적이 최대가 될 때는 언제일까? 이때 다각형은 어떤 특성을 가질까? 이 문제에 대한 해법은 BC 2세기경 제노도로스Zenodorus(BC 200~BC 140)가 이미 제시하였다. 그의 아이디어는 다음과 같다.

먼저 둘레가 일정한 삼각형 중에서 만약 밑변을 고정한다면 양변이 같을 때 삼각형의 면적이 가장 크다는 것을 관찰할 수 있다. 이때 높이가 가장 크기 때문이다. 둘레의 길이가 일정한 오각형을 생각해 보자. 만약 이웃하는 두변의 길이가 다르다면 앞에서 관찰한 것처럼 둘레의 길이를 변화시키지 않는 한에서 이웃하는 두 변의 길이를 같게 함으로써 면적을 늘릴 수 있다. 따라서 오각형은 변의 길이가 모두 같아야 한다. 동시에 내각의 크기가 서로 같아야 한다. 만약 두 각이 다르다면 각을 끼고 있는 두 삼각형이 닮지 않은 상황이다. 이때 각이 큰 쪽의 둘레의 길이를 늘이고 각이 작은 쪽의 둘레의 길이를 줄여서 두 각을 같게 하면 두 삼각형이 닮은 삼각형이 된다. 이와 같이 하면 다각형의 면적이 증가한다(그림 12 참조). 따라서 일정한 둘레를 갖는 오각형 중 면적이 가장 큰 오각형은 정오각형이 된다.

일정한 둘레의 길이를 갖는 도형을 다각형에 국한시키지 않고 일반적인 곡선에 대해 면적을 가장 크게 하는 도형을 찾

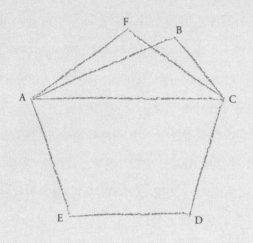

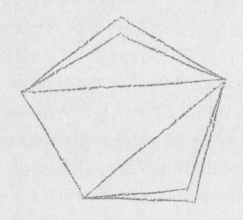

그림 12. 삼각형 ABC와 삼각형 AFC는 둘레의 길이가 같으나 삼각형 AFC는 이등변 삼각형이므로 삼각형 ABC보다 면적이 크다. 이웃하는 두 삼각형이 다를 때는 오각형의 둘레를 바꾸지 않으면서 두 삼각형의 뾰족한 부분의 각을 동시에 조정하여 해당 각이 같게 만들 수 있다.

는 문제도 생각해 볼 수 있다. 이 문제를 보통 디도Dido의 문제라고 부른다. 고대 로마의 시인 베르길리우스Vergilius의 작품《아이네이스Aeneid》에 등장하는 디도는 BC 9세기에 카르타고를 세운 여왕이다. 본래 페니키아(오늘날 레바논) 티레의 여왕이었으나 권력 투쟁 과정에서 쫓겨나 그의 추종자들을 데리고 북아프리카 해안의 튀니지 지역으로 도망을 오게 된다. 디도는 망명지에서 소의 가죽으로 둘러싼 만큼만 땅을 사겠다고 원주민들과 계약을 한다. 원주민들은 디도를 비웃었지만 디도는 소의 가죽을 좁고 긴 끈으로 찢어서 끈으로 둘러쌀 수 있는 가장 면적이 큰 영역을 취했다 그것은 반원이었다(한 면은 해안가였기 때문에 직선이어야만 했다). 이것이 카르타고가 반원 모양의 도시가 된 유래라고 한다.

디도 여왕의 해법이 말해 주는 것처럼 둘레의 길이가 일정한 닫힌 도형 중 면적이 가장 큰 것은 원이라는 것이 오랫동안 받아들여져 왔으나 엄밀한 수학적 증명은 최근에야 제시되었다. 1838년 스위스의 수학자 야코프 슈타이너Jakob Steiner(1796~1863)는 만약 둘레의 길이가 일정한 닫힌곡선 중 면적을 가장 크게 하는 곡선이 존재한다면 그것이 원이라는 것을 보이는 일종의 기하학적 논증을 제시하였다. 그는 서로 다른 증명 방법 네 가지를 선보였지만 그의 증명에는 한 가지 단점이 있었다. 즉 면

그림 13.　페니키아 티레의 여왕 디도는 망명지 튀니지에서 원주민으로부터 해안가의 반원 모양의 땅을 사서 카르타고라는 도시를 세운다. 반원은 한 변이 직선이고 둘레의 길이가 일정한 곡선 중 면적이 가장 큰 도형이다. 스위스의 판화가 마테우스 메리안 Matthäus Merian의 판화(1630).

적이 최대가 되는 곡선이 존재한다는 것을 가정하고 있는 것이다. 그런 곡선이 존재한다는 것은 1879년 독일의 수학자 카를 바이에르슈트라스Karl Weierstrass(1815~1897)가 변분법을 이용하여 증명하였다.

슈타이너의 증명 네 가지가 다 흥미롭지만 그중 한 가지만 소개한다(그림 14 참조). 길이가 고정된 닫힌곡선으로 가장 큰 면적을 갖는 곡선이 하나 있다고 해 보자. 곡선을 통과하는 직선을 그려서 곡선 길이가 서로 같은 두 부분으로 나누자. 이 직선은 동시에 곡선이 둘러싸고 있는 영역을 같은 면적의 두 영역으로 나눈다. 왜냐하면 만약 한 영역이 다른 영역보다 더 크면 이 큰 영역을 직선에 대해 대칭시키면 둘레의 길이는\변함이 없지만 처음 곡선보다 면적이 더 큰 곡선을 얻게 되기 때문이다. 이제 둘로 나눈 영역 중 하나를 취하자. 이 영역이 반원이 아니라고 해 보자. 그러면 곡선상에 한 점이 있어서 직선과 곡선이 만나는 두 양 끝 점까지 각각 직선을 그렸을 때 생기는 각이 직각이 아닌 그런 점이 있을 것이다. 이제 이 각을 끼고 있는 두 변 위에 각각의 도형을 컴퍼스 다리를 벌리듯 절단선을 따라서 움직여서 각이 직각이 되게 할 수 있다. 변형된 영역은 이전보다 면적이 증가함을 알 수 있다. 그리고 벌어진 곡선을 절단선을 따라 대칭시켜 얻은 닫힌곡선은 여전히 둘레의 길이가 변함이 없

1. 둘레 길이가 같은 두 영역으로 나눔.

2. 반원이 아니라면 직각이 되지 않는 점이 존재한다.

3. 이웃하는 두 변을 벌려 직각이 되게 하면 면적이
증가(둘레의 길이는 변하지 않음).

그림 14. 일정 길이의 닫힌곡선 중 면적이 가장 큰 것은 원임을 보이는 슈타이너의 아
이디어.

지만 더 큰 면적을 갖게 된다. 이것은 가정에 모순이 된다. 따라서 양분해서 얻은 각 영역은 반원이 되어야 한다.

사각형을 잘라서
만들 수 없는 것이 있을까

오래된 퍼즐 중에 칠교놀이 또는 탱그램tangram이라는 것이 있다. 퍼즐은 한 개의 큰 정사각형을 두 개의 직각이등변 삼각형과 3개의 작은 삼각형, 정사각형, 사변형 총 7개의 다각형 조각들로 이루어져 있다. 칠교놀이는 7개의 조각을 자유롭게 배열하여 다양한 모양을 만드는 놀이다. 이 퍼즐은 중국 송나라 때 만들어졌다고 한다. 19세기에 미국과 유럽에도 전해져 선풍적인 인기를 끌었다. 미국의 유명한 퍼즐 작가 샘 로이드Sam Loyd(1841~1911)는 칠교놀이로 만들 수 있는 모양 700가지를 모아 책으로 내기도 하였다. 1942년 왕후상Wang Fu Traing과 슝촨칭Hsiung Chuan-Chin은 칠교놀이를 이용하여 얻을 수 있는 볼록 다각형의 종류가 오직 13가지밖에 없다는 것을 증명했다.

칠교놀이는 흥미로운 기하학 문제와 관련이 있다. 다각형의 분할 문제라고 불리는 이 문제의 대표적인 경우는 다음과

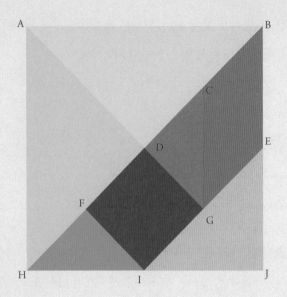

그림 15. 칠교놀이의 기본 조각 7개.

그림 16. 칠교놀이의 일곱 조각으로 만들 수 있는 볼록 다각형들.

같은 질문이다. 정삼각형이 하나 있다. 이 정삼각형을 몇 개의 다각형으로 분할한 후 이것을 재조립하여 정사각형으로 만드는 것이 가능할까? 여기서 재조립할 때 각 조각들을 주어진 평면 위에서 회전시키거나 평행 이동시키는 것만을 허용한다(경우에 따라서는 조각을 뒤집는 것도 허용하지만 일반적으로는 조각을 뒤집는 것을 허용하지 않는다). 그림 17과 같이 3개의 사변형과 1개의 삼각형으로 분할한 후 이것을 다시 조합하면 정사각형을 얻을 수 있다. 정사각형뿐만이 아니다. 주어진 정삼각형을 적절하게 다각형들로 분할한 후 재조립하여 정오각형이나 정육각형을 얻을 수 있다. 놀라운 것은 임의의 두 다각형이 만약 면적이 같다면 한 쪽을 여러 개의 다각형으로 분할하여 다른 쪽을 얻을 수 있다는 것이다. 이것이 가능하다는 것이 월리스 – 보여이 – 게르빈Wallace-Boliyai-Gerwien 정리[*]다.

한 다각형을 분할하여 다른 한 다각형으로 재구성하는 것도 가능하지만 한 다각형을 분할하여 여러 개의 다각형으로 재구성하는 것도 가능하다. 그림 18은 삼각형을 분할하여 삼각형, 사각형, 오각형, 육각형으로 재구성하는 방법을 보여 준다.

---

[*] 헝가리 수학자 보여이 퍼르커시Bolyai Farkas(보여이 야노시 Bolyai János의 아버지)와 프로이센의 보병 장교이자 수학자 파울 게르빈Paul Gerwien의 이름이 붙어 있다. 보여이가 처음으로 이 정리의 내용을 공식화했으며, 게르빈이 1833년 증명했다. 그래서 '보여이 – 게르빈 정리'라는 이름이 붙었으나, 사실 1807년 독립적으로 영국 수학자 윌리엄 월리스William Wallace가 동일한 정리를 증명하였다.

그림 17.　정삼각형의 분할과 정사각형으로의 재구성.

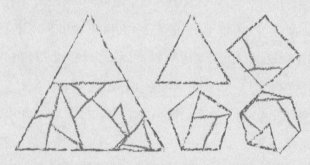

그림 18.　한 개의 삼각형을 분할하여 삼각형, 사각형, 오각형, 육각형으로 동시에 재조합하는 것이 가능하다.

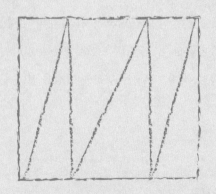

그림 19.　면적이 1인 정사각형을 짝수 개의 동일 면적의 삼각형으로 분할하는 법.

이와 같이 신기한 분할도 어떤 경우에는 잘되지 않는다. 면적이 1인 한 개의 정사각형을 서로 면적이 같은 n개의 삼각형으로 분할할 수 있을까? 짝수 개의 삼각형 경우는 어렵지 않다. 정사각형을 같은 면적을 갖는 $2n$개의 삼각형으로 분할하려면 n개의 평행한 수직선으로 정사각형을 n등분한 다음 각 사각형을 대각선으로 이등분하면 된다(그림 19 참조). 1965년 뉴멕시코주립대학교의 수학 교수 프레드 리치먼Fred Richman 은 대학원 학생들을 위한 시험 문제를 출제하다가 홀수의 경우는 잘할 수 없다는 것을 깨달았다. 그는 혹시 관련 결과가 있을까 하여 문헌도 뒤져보았지만 찾을 수 없었다. 리치먼은 〈미국수학월보*The American Mathematical Monthly*〉에 이 문제를 질문하였고 1970년 미국 수학자 폴 몬스키Paul Monsky가 홀수의 경우는 불가능하다는 것을 증명하였다.

원 이 사 각 형 이 될 수 있 다 고 ?

기하학적 분할의 대상이 비단 다각형만 가능한 것은 아니다. 1925년 폴란드 출신의 논리학자이자 수학자 알프레트 타르스키Alfred Tarski(1901~1983)는 원을 유한개의 부분 집합으로 분할한 후 이를 평행 이동이나 회전만을 허용하여 정사각형으로 재조립할 수 있는지 질문하였다. 이 질문은 고대 그리스인들이 고민했던 오래된 기하학 문제와 연관이 있다. 유클리드 시대의 기하학적 관심은 중요한 기하학적 구성이 자와 컴퍼스만을 사용해 가능한지 살펴보는 것이었다. 문제는 반지름이 1인 원이 있을 때 이 원과 면적이 같은 정사각형을 자와 컴퍼스를 사용하여 작도하라는 것이다. 반지름이 1인 원의 면적은 π이므로 한 변의 길이가 $\sqrt{\pi}$인 정사각형을 자와 컴퍼스를 이용하여 작도하라는 것이다. 이 문제는 1882년 독일 수학자 페르디난트 폰 린데만Ferdinand von Lindemann(1852~1939)이 π가 초월수, 즉 어떤 대수 방정식의 해도 아닌 수라는 것을 보임으로써 작도가 불가능하다는 결론이 내려졌다.

타르스키의 질문은 바나흐 – 타르스키 역설Banach-Tarski Paradox•이라고 알려진 놀라운 정리와 연관이 있다. 3차원 유클리드 공간에 반지름이 1인 구와 반지름이 1만인 구가 있다. 이때 반지름이 작은 구를 유한개의 부분 집합으로 분할한 후 3차원 공간 위에서 평행 이동과 회전만을 이용하여 반지름이 1만인 구로 재구성할 수 있다. 이 정리는 사람들을 어리둥절하게 만들었다. 두 구는 분명히 부피가 큰 차이로 서로 다르다. 작은 부피의 구를 유한개로 분할한 후 어떻게 훨씬 더 큰 부피

• 폴란드의 수학자 스테판 바나흐Stefan Banach(1892~1945)는 함수 해석학에 크게 공헌하였으며, 바나흐 공간 이론을 제창하였다. 이밖에도, 측도론, 집합론 등 다른 수학 분야에도 기여하였다.

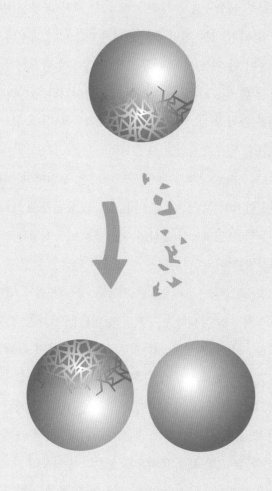

그림 20.   바나흐 – 타르스키의 역설. 반지름이 1인 구를 분해하여 반지름이 1인 구
2개로 재조립할 수 있다.

의 구로 재조립할 수 있단 말인가? 사실 여기서 작은 구를 유한개의 부분 집합으로 분할했을 때 이들 부분 집합은 부피가 정의가 잘 되지 않는 집합이다. 분할과 재조립의 과정에서 부피가 보존이 안 되는 것이다. 우리가 앞 장에서 다각형의 분할을 생각할 때 각 조각들도 여전히 다각형이지만 일반적인 분할 문제를 생각할 때 분할되는 작은 조각들은 쉽게 상상하기 어려운 아주 복잡한 집합일 수 있다.

바나흐-타르스키 역설은 평면에서는 성립하지 않는다. 평면에서 면적이 잘 정의되는 어떤 집합을 유한개로 분할하여 평행 이동과 회전만을 허용하여 재조립할 때, 그 결과로 얻은 집합 또한 면적이 잘 정의되면 두 집합의 면적은 항상 같기 때문이다. 타르스키는 고대 그리스인들이 제시한 원과 같은 면적의 정사각형을 작도하는 문제의 현대판을 생각한 것 같다. 앞 장에서 다룬 다각형의 기하학적 분할을 떠올렸을 때 원을 가위로 적당한 조각들로 자른 후 그 조각들을 다시 잘 붙이면 정사각형을 만들 수 있지 않을까 생각할 수 있다. 1963년 레스터 더빈스Lester Dubins, 모리스 허시Morris Hirsch, 잭 카루시Jack Karush는 원을 그와 같은 조각으로 분할하여 아무리 재조합하여도 볼록 집합이 되지 않음을 증명하였다. 볼록 집합이란 볼록 다각형과 같이 영역 안의 두 점을 연결한 선분 전체가 그 영역 안에 다시 포함되는 집합을 말한다. 정사각형은 볼록 집합이므로 원을 가위로 적당히 잘라서는 정사각형을 얻을 수가 없다는 것을 알 수 있다.

타르스키의 문제는 1990년 헝가리 수학자 미클로스 라츠코비치Miklós Laczkovich에 의해 해결되었다. 라츠코비치는 선택 공리를 사용하였다. 선택 공리란 간단히 말하자면 무한 쌍의 양말이 마구 섞여 있을 때 그 짝을 서로 맞출 수 있다는 것이다. 양말이 10쌍 있다면 이것은 자명하지만 무한 쌍이라면 이야기가 다르다. 이것은 자명하지 않기 때문에 공리로 받아들여 사용을 한다. 선택 공리를 사용한 결과 다각형의 분할과는 달리 원의 분할은 구체적으로 어떻게 이루어지는지 보여줄 수 없다. 대신 그러한 분할이 존재한다는 것을 증명할 수 있을 뿐이다. 라츠코비치의 증명에서 정사각형을 만들기 위해서 원은 대략 10^{50} 조각으로 분할하여야 하니 만만치 않은 작업임을 알 수 있다.

기하학적 분할 문제는 3차원으로 옮겨가면 양상이 상당히 달라진다. 독일 수학자 다비트 힐베르트David Hilbert(1862~1943)의 세 번째 문제로 알려진 질문은 주어진 하나의 다면체를 유한개의 다면체 조각으로 분할하여 처음 주어진 다면체와 같은 부피를 갖는 다른 다면체로 재구성하는 것이 가능하겠는

가다. 힐베르트의 제자이기도 한 막스 덴Max Dehn(1878~1952)은 일반적으로 그렇게 하는 것은 불가능하다는 것을 보였다.

시 작 하 면 멈 출 수 없 는 정 육 면 체 퍼 즐

같은 크기의 정육면체 3개 또는 4개를 면을 따라 붙여서 만든 조각들로 적당한 세트를 구성하여 이것을 잘 조립하면 하나의 정육면체를 만들 수 있을까? 1933년 덴마크 수학자 피트 하인 Piet Hein(1905~1996)은 7개의 그러한 조각으로 구성된 세트를 고안했다. 이는 정육면체의 분할을 이용한 일종의 퍼즐이라고 볼 수 있다.

하인은 이 퍼즐을 소마 큐브soma cube라고 이름 붙였다. 그는 올더스 헉슬리Aldous Huxley의 소설《멋진 신세계Brave New World》(1932)에 등장하는 중독성이 강한 가상의 약 소마에서 퍼즐 세트의 이름을 빌려왔다고 한다. 이 퍼즐에 사람들이 심하게 중독될 것이라고 그는 기대한 것 같다. 각 조각은 모양을 따라 각각 영어 알파벳 V, L, T, Z, P, B, A로 이름을 붙일 수 있다(그림 21의 순서를 따름). 이 중에서 P조각은 피라미드Pyramid를 연상시킨다 하여 P라는 이름이 붙여졌다. A와 B조각은 서로 거울 대칭의 조각이다. 이들을 잘 맞추면 $3 \times 3 \times 3$의 정육면체를 만들 수 있다. 이때 정육면체를 만들 수 있는 조합법은 총 240가지가 있다.

하인은 7개의 조각을 이용하였지만 4개 또는 5개의 정육면체를 이어 붙인 6개의 조각으로도 정육면체를 만들 수 있다. 이는 미쿠신스키 큐브라고 불린다(그림 22). 폴란드 수학자 얀 미쿠신스키Jan Mikusinski(1913~1987)가 고안한 것이다. 미쿠신스키 큐브로 정육면체를 만드는 방법은 두 가지뿐이다.

정육면체의 분할과 관련하여 조금 다른 종류의 흥미로운 분할 중 하나는 4개의 삼각 피라미드를 잘라내어 정사면체를 얻는 분할이다(그림 24). 정육면체의 한 꼭짓점을 포함하는 이웃하는 세 개의 면에 대해 각각 꼭짓점을 지나지 않는 대각선을 연결하면 정삼각형이 된다. 이 정삼각형 면을 따라 삼각 피라미드를 잘라낸다. 이와 같은 삼각 피라미드를 4개를 잘라낼 수 있다. 삼각 피라미드의 꼭짓점은 정육면체의 윗면에 대각선으로 서로 마주보는 두 꼭짓점과 정육면체의 아랫면의 대각선으로 마주보는 두 꼭짓점이다. 정육면체에서 4개의 삼각 피라미드를 잘라내고 남은 사면체는 면이 모두 정삼각형이므로 정사면체다.

이 분할을 이용하면 정사면체의 부피도 알 수 있다. 정육면체의 부피에서 4개 피라미드 부피의 합을 빼면 된다. 정사

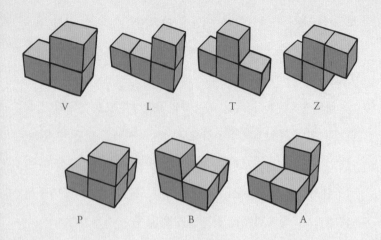

그림 21.   7개의 조각으로 구성된 소마 큐브 세트.

그림 22.   6개의 조각으로 구성된 미쿠신스키 큐브 세트.

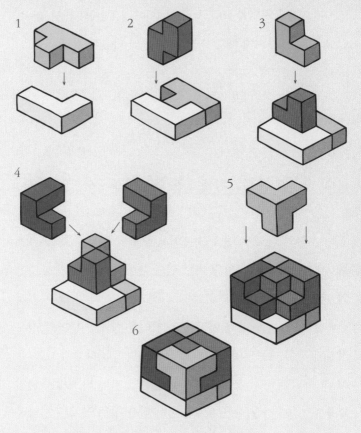

그림 23. 소마 큐브 세트를 조립하여 정육면체를 얻는 과정.

그림 24. 정육면체를 3개의 삼각 피라미드와 1개의 정사면체로 분할하는 법.

면체의 한 변 길이를 a라고 하자. (이때 정육면체의 한 변 길이는 $a/\sqrt{2}$가 된다.) 부피에 대한 식으로 써 보면 다음과 같다.

$$\frac{a^3}{2\sqrt{2}} - 4 \times \frac{a^3}{12\sqrt{2}} = \frac{\sqrt{2}}{12}\,a^3$$

상자에 얼마나 많은 캔을 넣을 수 있을까

원통 모양의 음료수 캔을 직육면체 모양의 상자에 꽂는 문제를 생각해 보자. 상자의 높이는 캔의 높이와 같다고 하고 상자의 단면은 정사각형이라고 하자. n개의 캔을 채워 넣기 위해 선택할 수 있는 단면의 면적이 가장 작은 상자의 단면의 정사각형의 길이는 무엇일까? 이는 원 채우기 문제라고 부르는 문제 중 특별한 경우다. 일반적으로 같은 크기의 원 n개를 채워 넣을 수 있는 가장 작은 다각형이나 원을 찾는 문제를 생각할 수 있다. 처음 질문했던 문제는 n개의 같은 크기의 원을 채워 넣을 수 있는 가장 작은 정사각형을 찾는 것이다.

원이 하나인 경우는 물론 원의 지름과 변의 길이가 같은 정사각형을 선택하면 된다. 원이 두 개인 경우는 두 원이 접하며 두 원의 중심을 연결한 선이 정사각형의 대각선과 일치

그림 25. 정사각형을 같은 크기의 최대 면적을 지닌 원으로 채우는 법.

하도록 배치하면서 두 원이 각각 정사각형에 내접하도록 하면 된다. 원의 반지름이 1이라면 이때 두 원을 채워 넣을 수 있는 가장 작은 정사각형의 한 변의 길이는 $2 + \sqrt{2}$가 된다. 원이 4개나 5개인 경우는 어떻게 하는지 자명해 보이지만 원이 3개인 경우는 그렇게 자명해 보이지 않는다. 원 한 개를 먼저 중심이 정사각형의 대각선 위에 있으면서 동시에 정사각형의 두 변에 접하게 한다. 나머지 두 원은 접점이 정사각형의 대각선 위에 있으면서 동시에 첫 번째 원에 접하게 한다.

10개의 원을 채우는 문제는 특별히 여러 사람의 노력을 거쳐 최종적인 답을 발견하게 되었다. 첫 번째 해를 제시한 사람은 마이클 골드버그Michael Goldberg(1902~1990)로 1970년 결과를 발표하였다. 그는 원을 3개 - 2개 - 3개 - 2개로 위에서 아래로 순차적으로 배치하였다. 1971년 조너선 셰어Jonathan Schaer는 골드버그의 결과를 조금 더 개선하였다. 1987년에는 R. 밀라노R. Milano가 셰어의 결과를, 1990년에는 기 발레트Guy Valette가 셰어의 결과를 더 개선하였다. 그림 26은 20년 동안 각 지름이 1인 원 10개로 채울 수 있는 가장 작은 정사각형의 변 길이가 조금씩 작아지는 것을 보여 준다. 10개 원 채우기에 대한 최종적인 해는 1991년 로널드 페이커트Ronald Peikert가 제시하였다. 그들이 제시한 배열을 따르면 지름이

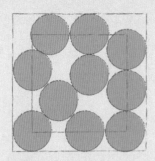

페이커트의 해(1991)

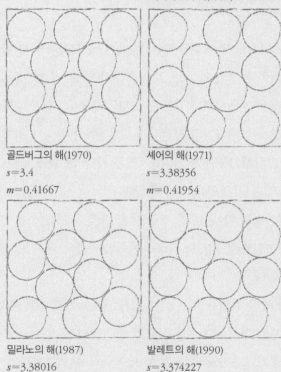

골드버그의 해(1970)

$s=3.4$

$m=0.41667$

셰어의 해(1971)

$s=3.38356$

$m=0.41954$

밀라노의 해(1987)

$s=3.38016$

$m=0.42014$

발레트의 해(1990)

$s=3.374227$

$m=0.421190$

s는 정사각형의 한 변의 길이를 나타낸다.

m은 한변의 길이가 1인 정사각형을 10개의 동일한 원으로 채울 때 원의 지름을 나타낸다.

그림 26. 원 10개 채우기 문제.

1인 10개의 원으로 채울 수 있는 가장 작은 정사각형의 한 변의 길이는 3.3735다. 그들은 이보다 더 작은 정사각형을 잡을 수 없다는 것도 보였다.

원은 정삼각형을 좋아한다

주어진 다각형 안에 지름이 d인 n개의 원으로 채울 때 허용되는 원의 지름 d의 가장 큰 값은 무엇인가? 이 문제는 다음 질문에 답할 수 있다면 해결할 수 있다. 즉 주어진 다각형 안에 n개의 점을 선택하는데 임의의 두 점 사이의 거리가 적어도 d가 되도록 한다면 d가 가질 수 있는 가장 큰 값은 무엇인가? 이때 d값을 최대 분리 거리라 한다.

정삼각형 안에 3개의 원을 채울 때 원의 지름이 d라면 이들 원으로 채울 수 있는 가장 작은 정삼각형의 한 변의 길이는 $1 + \sqrt{3}\,d$다.

한 변의 길이가 1인 정삼각형에 대해 n개의 점에 대한 최대의 분리 거리 d는 표 1과 같다. 표 1에서 흥미로운 것은 점의 개수가 2와 3일 때 최대 분리 거리가 같고, 5와 6일 때도 같으며 9와 10일 때도 같은 것이다. 에르되시와 노먼 올러

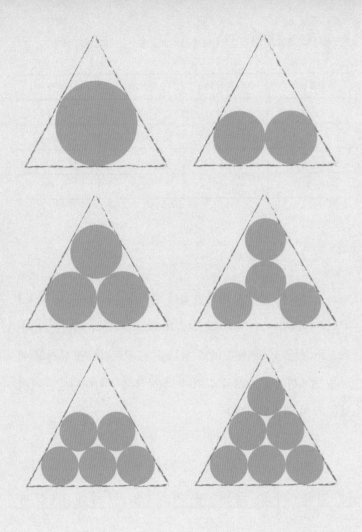

그림 27. 정삼각형을 같은 크기의 원 여러 개로 채우되 원의 전체 면적이 최대가 되도록 채우는 법.

표 1. 한 변의 길이가 1인 정삼각형에서 점의 개수에 따른 최대 분리 거리

점의 개수	최대 분리 거리	점의 개수	최대 분리 거리
2, 3	1	8	$\sqrt{33} - 3/8$
4	$1/\sqrt{3}$	9, 10	1/3
5, 6	1/2	11	$(3 - \sqrt{6})/2$
7	$(\sqrt{3} - 1)/2$	12	$2 - \sqrt{3}$

Norman Oler의 예상에 따르면 n이 삼각수 ($n = 1 + 2 + \cdots + k$ $= k(k+1)/2$)이면 n과 $n-1$에 대해 최대 분리 거리는 같다. 표 1을 보면 3, 6, 10이 바로 삼각수다. 에르되시와 올러의 예상은 현재까지 $n = 21$과 같거나 작은 삼각수에 대해서만 참이라는 것이 확인되었다.

세 원이 서로 만날 때 가장 큰 면적을 가질까

앞에서 정삼각형 안에 주어진 개수의 동일한 크기를 갖는 가장 큰 원을 채워넣는 문제를 생각했다. 1803년 이탈리아의 수

학자 지안 프란체스코 말파티Gian Francesco Malfatti는 다음과 같이 유사하지만 조금 다른 문제를 제시하였다. 임의의 주어진 삼각형 안에 3개의 원을 채워 넣는데 이때 세 원의 면적의 합이 최대가 되려면 어떻게 해야 하는가? 말파티는 세 원을 채울 때 각 원이 다른 두 원과 접하고 동시에 삼각형의 두 변과 접하도록 하면 된다고 해를 제시하였다.

1930년 H. 롭H. Lob과 H. W. 리치몬드H. W. Richmond는 일반적인 경우 말파티의 제안으로는 세 원의 면적의 합이 최대가 되는 원 채우기를 할 수 없다는 점을 지적하였다. 그림 28의 위 그림은 말파티의 조건을 만족하도록 세 원을 채웠으나 아래와 같이 세 원을 채우면 아래쪽의 경우가 세 원의 면적의 합이 더 크다.

말파티의 제안이 원래의 문제에 대한 답은 아니지만 세 원을 그가 제시한 방식으로 어떻게 하면 작도할 수 있을 것인가에 대한 문제는 별도의 관심을 불러일으켰다. 1826년 야코프 슈타이너는 말파티의 세 원을 작도하는 법을 제시하였다. 먼저 말파티의 세 원은 각각 주어진 삼각형의 각의 이등분선 위에 중심이 있어야 함을 알 수 있다. 세 원을 작도하기 위해서 먼저 세 각의 이등분선을 이용하여 주어진 삼각형을 세 개의 삼각형으로 분할한다. 각 삼각형 안에 내접원을 작도한다. 서로 이웃하는 내

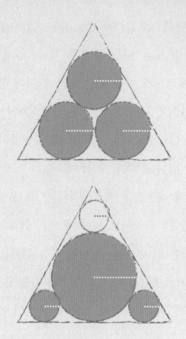

그림 28. 아래 세 원의 면적의 합이 위의 세 원(말파티의 원)의 면적의 합보다 크다.

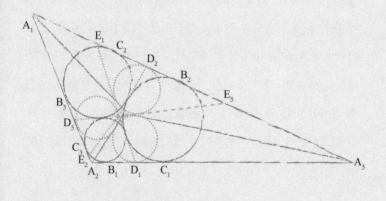

그림 29. 슈타이너가 제시한 말파티의 세 원 작도법.

접원들은 큰 삼각형의 각의 이등분선을 따라 서로 접한다. 이제 이 접점을 지나고 각 쌍의 내접원들에 접하는 공통 접선을 작도한다(그림 29에서 D_1E_1, D_2E_2, D_3E_3). 이제 주어진 삼각형의 각 꼭짓점을 포함하는 두 선분과 이 선분과 만나는 공통 접선들 (D_1E_1, D_2E_2, D_3E_3 중 2개)로 이루어지는 사변형에 내접하는 원을 작도하면 이 원들이 말파티의 원이 된다.

루퍼트 대공의 정육면체

한 변의 길이가 1인 정육면체가 있다. 이 정육면체에 정사각형 모양의 구멍을 내서 정육면체가 통과하게 하고 싶다. 가능한 가장 큰 정육면체가 통과하도록 구멍을 내려면 어떻게 해야 할까? 정육면체의 한 변의 길이가 1이므로 한 변의 길이가 1 이상인 정사각형 모양의 구멍을 내기는 어려워 보인다. 하지만 실제로는 그보다 큰 구멍을 낼 수 있다. 즉 한 변의 길이가 1보다 조금 큰 구멍을 정육면체가 통과하도록 낼 수 있다. 이때 통과할 수 있는 정육면체를 루퍼트 대공Prince Rupert의 정육면체라고 부른다.

17세기의 독일 귀족이었던 루퍼트 대공은 군인이었지만

과학 연구에 관심이 많았다고 한다. 실제로 영국의 명망 있는 과학 아카데미인 런던 왕립학회의 창립 회원이기도 했다. 루퍼트 대공의 정육면체라는 이름은 런던 왕립학회 회원이자 옥스퍼드대학교 기하학 교수인 존 월리스John Wallis(1616~1703)가 붙였다고 한다. 월리스는 아이작 뉴턴Isaac Newton(1643~1727)의 친구이기도 하다(월리스는 원주율을 유리수들의 곱으로 근사하는 공식을 발견한 것으로도 유명하다).

루퍼트 대공의 정육면체가 통과할 정사각형 구멍은 한 변의 길이가 $3\sqrt{2}/4 \approx 1.06066$이다. 그림 30을 보면 윗면 정사각형에서 이웃하는 변의 3/4 되는 점을 연결한 대각선이 이 정사각형 구멍의 한 변이 되는 것을 알 수 있다. 아랫변의 마주보는 변과 연결하여 정사각형을 만드는데, 이때 두 변을 지나는 면이 기울어져 있는 것을 볼 수 있다. 정육면체는 높이도 1이므로 정사각형의 다른 한 변도 $3\sqrt{2}/4$가 되도록 기울인 것이다. 이제 구멍을 낼 때 정육면체의 밑면과 평행하게 내는 것이 아니라 밑면에서 3/16만큼 되는 점과 정사각형 구멍의 아랫변을 지나는 평면을 따라 구멍을 낸다. 마찬가지로 반대 방향으로 구멍을 내면서 나갈 때도 윗면과 같은 경사로 아래 방향으로 나아가야 한다. 이렇게 해야 구멍을 내도 정육면체가 끊어지지 않는다.

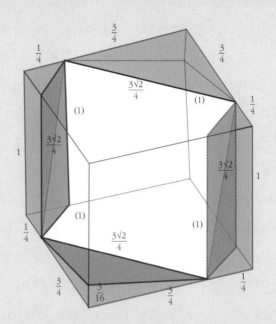

그림 30. 한 변의 길이가 1인 정육면체에 한 변의 길이가 $\frac{3\sqrt{2}}{4}$인 정사각형 모양의 구멍을 낼 수 있다. 여기서 $\frac{3\sqrt{2}}{4}$는 1보다 큰 수다. 그림과 같이 정사각형은 정육면체가 놓인 평면과 수직이 아니라 약간의 경사를 이루고 있다. 그림의 전면에 보이는 높이가 $\frac{3}{16}$인 사면체가 구멍을 낼 때 필요한 경사를 설명한다.

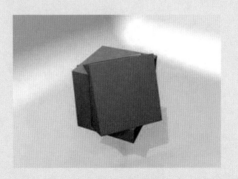

그림 31. 정육면체에 낸 정사각형 모양의 구멍을 주어진 정육면체보다 약간 더 큰 정육면체가 통과할 수 있다.

그렇다면 왜 $3\sqrt{2}/4$일까? 윗면에 대각선을 잡을 때 이웃하는 두 변 모두 x가 되는 점을 연결하여 대각선을 잡자. 이때 대각선의 길이는 $\sqrt{2}x$다. 이것이 정사각형 구멍의 한 변의 길이가 되기를 원한다. 이제 정사각형의 높이도 이와 같아야 한다. 이는 정육면체 윗면의 두 이웃하는 변의 $1-x$가 되는 두 점을 연결한 대각선과 이 대각선을 따라 정육면체를 수직으로 잘랐을 때 생기는 직사각형의 대각선의 길이와 같다. 이 직사각형 폭의 길이는 정육면체 윗면의 두 이웃하는 변의 $1-x$가 되는 두 점을 연결한 대각선의 길이인데 $\sqrt{2}(1-x)$다. 따라서 이 직사각형의 대각선의 길이는 $\sqrt{2(1-x)^2+1}$이다. 이제 이 길이가 $\sqrt{2}x$와 같아야 한다. 즉 방정식 $\sqrt{2(1-x)^2+1}=\sqrt{2}x$의 해를 구함으로써 처음에 시작할 때 선택해야 하는 정육면체 윗면의 대각선의 길이를 선택할 수 있다. 방정식을 풀면 $x=3/4$을 얻는다.

파 스 칼,
네트워크에서
길을 잃 다

프랙털의 개념은 20세기에 등장하였지만 고대
로부터 여러 건축에 이미 자기유사성의 개념이
널리 사용되었다. 특히 고딕 양식의 성당은 자
기유사성의 개념을 활용한 장식이 즐겨 사용된
대표적인 예다. 영국 켄트에 위치한 캔터버리
성당 내부의 천장. (사진: Michael D. Beckwith)

스페인 이슬람 최후의 왕국인 그라나다의 알함브라 궁전 벽 상부 띠 무늬는 왼쪽이나 오른쪽으로 일정한 간격만큼 이동시켜도 변동이 없다. 동일한 패턴이 좌우로 반복되기 때문이다. 이는 프랑스 수학자 에바리스트 갈루아Evariste Galois(1811~1832)의 고차방정식 연구에 처음 등장하는 군의 개념으로 설명할 수 있다.

미국 수학자 제임스 웨델 알렉산더James Waddell Alexander(1888~1971)의 뿔 달린 구. 위상 수학에 등장하는 예 중에는 상식을 깨는 것들이 종종 있다. 보통 3차원 공간에 2차원 구면은 3차원 공간을 안과 밖으로 구분하는데 각각은 한 점으로 수축할 수가 있다. 알렉산더의 뿔 달린 구는 위상적으로는 2차원 구면과 동일하지만 이때 생기는 안과 밖 중 밖은 한 점으로 수축하지 않는다.

모 든 분 할 문 제 는 카 탈 랑 수 로 통 한 다

오랜만에 가족이 다함께 외식을 하러 왔다. 식당은 저렴한 가
격에 코스로 나오는 식사를 할 수 있는 곳이다. 코스는 전채,
메인 요리, 후식으로 이루어져 있다. 전채는 수프인데 크림버
섯수프 또는 토마토수프 중 하나를 선택할 수 있다. 메인 요리
는 돈가스, 오븐치즈스파게티, 치킨테리야키 중 하나를 선택할
수 있다. 마지막으로 디저트는 아이스크림과 초콜릿 푸딩 중
하나를 선택할 수 있다. 가족 중 코스가 일치하도록 주문한 사
람은 하나도 없을 뿐 아니라 식당에서 주문할 수 있는 모든 가
능한 코스가 다 주문되었다. 가족은 총 몇 명일까? 각 단계에
서 가능한 선택의 가짓수를 정하고 이를 단계별로 모두 곱하
면 전체 코스의 가능한 경우의 수를 구할 수 있다. 즉 $2 \times 3 \times 2 = 12$다. 실제로 식당에 가서 음식을 주문하면서 가능한 코스

의 모든 경우의 수를 세어 보는 것도 재미있을 것이다.

이 문제는 조합론의 대표적인 문제다. 우리는 조합론의 문제로 볼 수 있는 상황들을 일상에서 다양하게 경험할 수 있다. 다음과 같은 문제를 생각해 보자. 오늘 하루 4명의 친구들과 차례대로 약속을 잡았다고 하자. 친구들과 만나는 시간은 각각 10시, 1시, 4시, 7시라고 하자. 4명의 친구들과 약속을 정하는 방법은 총 몇 가지나 될까? 이 문제도 위와 유사한 사고를 적용하여 답할 수 있다. 처음 만나는 친구의 선택 수는 넷, 일단 처음 만나는 친구를 정하면 그다음 만나는 친구의 선택 수는 셋, 그다음은 둘, 마지막 친구는 자동으로 한 명이 정해진다. 즉 $4 \times 3 \times 2 \times 1 = 24$가지 방법이 있다.

조합론에서 다루는 경우의 수를 세는 문제 중 처음에 보기에는 다른 문제 같은데 본질적으로는 동일한 아이디어를 사용하는 경우가 빈번하다. 문제 해결 가운데 어떤 특정한 수열들을 정의하게 되고 이 수열들은 다양한 상황에서 반복적으로 등장하게 된다. 가령 피보나치 수가 대표적인 경우다. 피보나치 수와 더불어 조합론에서 가장 자주 등장하는 '카탈랑 수'를 소개한다.

먼저 기하학에서 생각할 수 있는 경우의 수 세는 문제를 살펴보자. 정팔각형을 여러 개의 삼각형으로 분할하고 싶다.

한 꼭짓점을 정해서 이 꼭짓점과 이웃하지 않는 다른 꼭짓점을 연결하는 직선을 그어 보자. 이 직선을 대각선이라고 하는데 이와 같이 하여 5개의 대각선을 얻을 수 있다. 이 대각선을 이용하면 정팔각형을 6개의 삼각형으로 분할할 수 있다. 이와 같이 대각선을 이용하여 정팔각형을 삼각형으로 분할하는 방법의 수는 몇 가지가 될까? 더 일반적으로 정n각형을 대각선을 이용하여 $n-2$개의 삼각형으로 분할하는 방법은 총 몇 가지나 될까?

문제에 대한 답을 생각하기 전에 유사한 문제를 하나 더 살펴보자. 좌표 평면에 격자가 있을 때 점 $(0, 0)$에서 점 $(4, 4)$로 이동하는 경로를 생각하자. 가능한 이동은 오른쪽으로 한 칸 $(1, 0)$과 위로 한 칸 $(0, 1)$ 두 가지다. 편의상 이를 각각 r, u라고 하자. $(0, 0)$에서 $(4, 4)$까지 가능한 경로는 예를 들면 $rrrruuuu$ 같은 것이 되겠다. 여기서 조건을 하나 두면 경로는 $(0, 0)$과 $(4, 4)$를 연결하는 대각선 아래에 있어야 한다. 가령 $uuuurrrr$ 같은 것은 허용되지 않는다. 이 조건하에서 가능한 경로의 수는 전부 몇 개인가? 경로가 대각선 아래에 있어야 한다는 조건을 만족하려면 r 4개와 u 4개로 이루어진 길이 8의 문자열 상에서 각 점까지 r과 u의 개수를 살펴보았을 때 u의 개수가 r의 개수보다 많지 않아야 한다. 가령 $ruurrruu$

그림 32. (0, 0)에서 (4, 4)로 두 가지 종류의 이동을 이용한 대각선 아래의 경로.

를 보면 세 번째 점까지 u의 개수가 2개로 r의 개수 1보다 많다. 이 문자열은 대각선 위로 올라가 버리는 경로를 표현한다는 것을 알 수 있다.

위의 두 문제의 해답은 모두 카탈랑 수와 관련되어 있다. 외젠 샤를 카탈랑Eugène Charles Catalan(1814~1894)은 벨기에 태생의 수학자로 프랑스의 에콜 폴리테크닉에서 저명한 수학자 조제프 리우빌Joseph Liouville(1809~1882) 문하의 학생이었다. 리우빌을 통해 오일러의 분할 문제와 이후의 해법에 대해서 알게 된 카탈랑은 처음으로 $C_n = \dfrac{(2n)!}{n!(n+1)!}$의 공식을 얻었다. 20세기 들어와서 대중 수학 저술가인 마틴 가드너Martin Gardner(1914~2010)가 카탈랑 수라는 이름을 사용하면서 대중화되었다.

n번째 카탈랑 수는 다음과 같이 정의된다.

$$C_n = \frac{1}{n+1}\binom{2n}{n} = \frac{(2n)!}{(n+1)!n!}$$

위 식을 이해하기 위해서 n계승을 먼저 살펴보자.

$$n! = n \times (n-1) \times (n-2) \times \cdots \times 2 \times 1$$

n계승은 n부터 1까지 내림차순으로 수들을 모두 곱한 값

이다. 가령 $5! = 5 \times 4 \times 3 \times 2 \times 1 = 120$이다. n계승은 n명의 사람을 순서대로 만나는 방법의 수와 같다. $\binom{p}{q}$은 p명의 서로 다른 사람이 있을 때 이 중에서 q명을 선택하는 경우의 수다. $\binom{p}{q} = \frac{p(p-1)\cdots(p-q+1)}{q(q-1)\cdots 1} = \frac{p!}{(p-q)!q!}$로 주어진다.

다시 카탈랑 수로 돌아가보자. 카탈랑 수가 어떻게 위에 제시한 문제의 답이 될 수 있는지 살펴보자. 격자 위에서 점 $(0, 0)$에서 점 $(4, 4)$로 이동하는, 대각선 아래로 움직이는 경로의 수를 구하는 문제를 가지고 생각해 보자. 점 $(0, 0)$에서 점 $(4, 4)$까지 가능한 경로들은 각각 4개의 r과 4개의 u에 대한 하나의 배열에 해당한다. 따라서 일단 가능한 모든 경로들의 수는 8개에서 4개를 선택하는 경우의 수 $\frac{8!}{4!4!} = \frac{8 \times 7 \times 6 \times 5}{4 \times 3 \times 2 \times 1}$와 같다. 이 중에서 대각선 위로 올라가는 경로들을 제외해야 한다. 제외해야 하는 경로의 수를 U라고 하면 문제의 답에 해당하는 경로들의 수는 $\frac{8!}{4!4!} - U$가 된다. 주장은 $U = \frac{8!}{5!3!}$이라는 것이다.

어째서일까? 제외되는 경로들은 어떤 시점에서 u의 개수가 r의 개수보다 많다. 이제 허용되지 않는 경로가 하나 있다고 하자. 예를 들면 $ruurrru$다. 이 경로의 처음 세 글자 ruu는 u의 총 개수가 r의 총 개수보다 많다. 허용되지 않는 경로를 허용되는 경로로 바꾸고 싶다. 세 번째까지 등장하는 u와 r을 서로 바꾸자. 그러면 경로는 *urrrrruu*가 된다. 이때 바뀐 경로의 *r*의 개수는 5 = 4 + 1개, *u*의 개수는 3 = 4 − 1개가 된다.

반대로 *r*이 5개 *u*가 3개 있는 길이 8의 경로가 하나 있으면 처음으로 *r*의 개수가 *u*의 개수를 넘는 시점에서 그 시점까지의 *u*와 *r*을 서로 맞바꾸면 변화된 이 경로가 바로 허용되지 않는 경로다. 예를 들어 *urruurrr*은 *r*이 5개이고 *u*가 3개다. *r*이 처음으로 *u*보다 많아지는 것은 3번째다. 여기까지 각 단계에서 *r*과 *u*를 바꾸면 *ruuuurrr*이 된다. 이는 우리의 문제에서 허용되지 않는 경로다. 따라서 허용되지 않는 경로들의 개수 *U*는 *r*의 개수가 5 = 4 + 1이고 *u*의 개수가 3 = 4 − 1인 모든 경로들의 개수와 같다. 이 아이디어를 일반적인 경우, 즉 (0, 0)에서 (*n*, *n*)으로 가는 대각선 아래의 경로의 수에 대해 적용하면 다음과 같이 됨을 알 수 있다.

$$\binom{2n}{n} - U_n = \binom{2n}{n} - \frac{(2n)!}{(n+1)!(n-1)!} = \frac{1}{n+1}\binom{2n}{n}$$

다각형을 삼각형으로 분할하는 경우의 수는 왜 카탈랑 수일까? 정 *n*각형에서 1과 *n*을 연결한 변과 꼭짓점 *r*을 연결한 삼각형을 선택하자(그림 33 참조). 삼각형을 제외하고 두 개의 다각형이 생기는데 1부터 *r*까지 연결한 *r*각형과 *r*부터 *n*까지

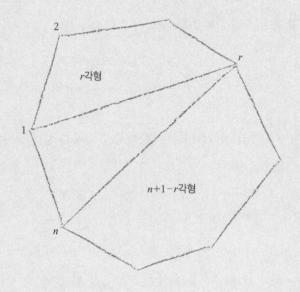

그림 33.　오일러의 분할 문제. 대각선을 이용하여 주어진 다각형을 삼각형으로 분할
한다.

연결한 $n+1-r$각형이다. 정k각형을 삼각형으로 분할하는 경우의 수를 E_k라고 하면 꼭짓점 1, r, n을 연결한 삼각형을 포함하는 정n각형의 삼각형 분할의 경우의 수는 $E_r \times E_{n+1-r}$ 이다. 이제 r을 2에서 $n-1$까지 선택하면서 각 경우에 대해서 삼각형 분할의 경우의 수를 다 더하면 다음과 같다.

$$E_n = E_2 E_{n-1} + E_3 E_{n-2} + \cdots + E_{n-1} E_2$$

이는 일종의 점화식이다. 카탈랑 수도 다음과 같이 유사한 점화식을 만족한다.

$$C_n = C_0 C_{n-1} + C_1 E_{n-2} + \cdots + C_{n-1} C_0$$

두 식의 관계를 이용하면 $E_n = C_{n-2}$가 됨을 알 수 있다. 이 관계식은 1758년 독일 수학자 요한 세그너Johann Segner (1704~1777)가 처음으로 얻었다. 세그너는 오일러가 제시한 정 다각형을 대각선을 이용하여 삼각형들로 분할하는 가짓수에 대한 문제를 해결하면서 점화식을 발견하게 되었다.

원 위에 선을 그리다: 모츠킨 수

원 위에 n개의 점이 있다. 서로 교차하지 않는 현으로 이들 점의 일부 또는 전체를 연결하는 방법의 가짓수는 어떻게 될까? 원 위에 점이 4개인 경우를 생각해 보자. 먼저 연결이 전혀 없는 경우가 한 가지 있다. 그다음 최소한 하나의 연결이 있으려면 2개의 점이 필요하다. 원 위의 점에 순서대로 번호를 주어 보자. 두 개의 점을 연결하는 경우의 수는 4개에서 두 개를 뽑는 경우의 수 $\binom{4}{2} = 6$과 같다. 그다음 경우는 만나지 않는 두 개의 현으로 연결하는 경우인데, 이것은 {1, 2, 3, 4}를 공통 원소가 없는 두 개의 부분 집합으로 나누는 경우의 수와 관계가 있다.

여기서 한 가지 조심해야 할 것은 두 개의 부분 집합으로 나누는 경우의 수는 $\frac{1}{2}\binom{4}{2} = 3$이지만 이 중에 두 현이 교차하는 경우가 있다. {1, 3}, {2, 4}가 바로 그 경우다. 이 경우의 특징은 각 부분 집합의 원소 사이의 차이가 2라는 것이다. 따라서 공통 원소가 없는 두 개의 부분 집합으로 나누되, 원소 사이의 차이가 1이 돼야 한다. 이렇게 구한 가짓수를 다 더하면 $1 + 6 + 2 = 9$가 된다(그림 34 참조).

원 위의 n개의 점에 대해 서로 교차하지 않는 현으로 이들 점의 일부 또는 전체를 연결하는 방법의 가짓수를 모츠킨 수

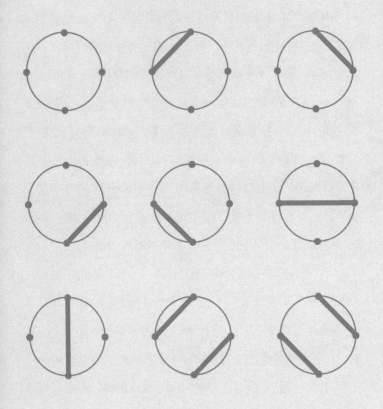

그림 34.　원 위의 4개의 점을 연결하는 교차하지 않는 현의 개수는 총 9가지다.

라고 부르고 보통 M_n으로 표기한다.

미국의 수학자 시어도어 모츠킨Theodore Motzkin(1908~1970)은 독일에서 교육을 받았지만 시오니즘 운동의 지도자인 아버지의 영향으로 이스라엘로 이주했다. 히브리대학교의 교수였고 2차 세계 대전 중 영국군에서 암호 해독에 참여했다. 전쟁 후 미국으로 이주하여 UCLA 교수를 지냈다. 선형계획법이 모츠킨의 주요 전공 분야이지만 대수학, 조합론, 정수론, 대수기하 등 다양한 분야에 업적이 있다. 모츠킨 수는 1948년에 그가 〈미국수학회보Bulletin of American Mathematics Society〉에 발표한 논문에 처음 등장한다.

모츠킨 수로 가짓수가 표현되는 또 다른 예로는 좌표 평면상에서 (0, 0)에서 (n, 0)으로 가는 경로의 가짓수다. 경로에 대한 조건이 있는데 x축 아래로 내려갈 수 없고 북동 방향 이동 (1, 1), 남동 방향 이동 (1, −1), 동쪽 방향 이동 (1, 0)으로만 구성되어 있어야 한다. 각각의 움직임을 u, d, h로 표기한다면 이 세 문자로 이루어진 길이 n의 단어의 가짓수와 같다. 단여기서 조건은 u의 개수와 d의 개수가 같아야 하며 등장한 순서대로 u와 d를 한 쌍씩 묶을 때 u는 d 앞에 나와야 한다.

모츠킨 수 M_5를 계산해 보자. 먼저 h의 개수에 따라 단어들을 분류할 수 있는데 u의 개수와 d의 개수가 같다는 조건 때

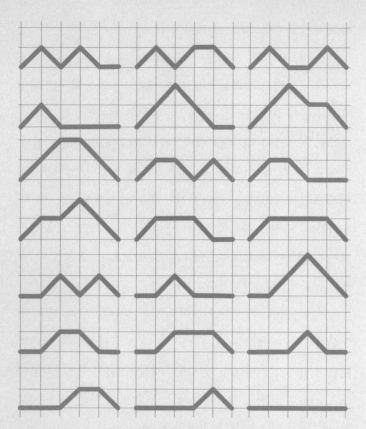

그림 35. 모츠킨 수 M_5에 해당하는 모든 경우의 수 세는 법.

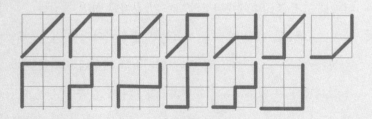

그림 36. (2, 2)에 대한 들라노이 수를 나타내는 경로.

문에 h의 개수가 1, 3, 5인 경우만 가능하다. h의 개수 1인 경우 가능한 경로의 수를 생각해 보자. 이는 h의 위치를 정하는 경우의 수 또는 u와 d들의 위치를 정하는 경우의 수 $\binom{5}{1} = \binom{5}{4}$에다 u와 d의 위치를 정하는 경우의 수를 곱하면 된다. 후자는 원소의 개수가 4인 집합을 공통 원소가 없는 두 개의 부분 집합으로 나누는 가짓수인데 한 가지 경우는 제외된다. 가령 h가 제일 처음 나오는 경우로 생각해 보면 huudd, hudud 두 가지다. huddu가 제외되는 경우다. 계산해 보면 h의 개수가 1인 경우 10, h의 개수가 3인 경우 10, h의 개수가 5인 경우 1이므로 $M_5 = 21$이다(그림 35).

격자상에서 수평으로 n만큼 떨어진 두 점 사이를 이동하는 경우의 수를 구하는 것과 유사한 문제로 $(0, 0)$에서 (n, n)으로 이동하는 경로의 경우의 수를 구하는 문제가 있다. 이때 허용되는 움직임은 동쪽 방향 이동 $(1, 0)$, 북쪽 방향 이동 $(0, 1)$, 북동 방향 이동 $(1, 1)$ 세 가지다.

$n = 2$인 경우 가능한 경로는 총 13가지이며 그림 36과 같다. 이 문제에 등장하는 경우의 수를 들라노이 수라고 한다.

프랑스의 수학자인 앙리오귀스트 들라노이Henri-Auguste Delannoy(1833~1915)는 수학계에서 잘 알려져 있지 않은 인물이다. 1970년에 출간된 루이 콩테Louis Contet의《조합론적 해석

Combinatorial Interpretation》을 계기로 들라노이 수라는 이름이 일반적으로 사용되었다. 그 책에도 들라노이가 누구이며 왜 들라노이 수라고 부르는지에 대한 설명은 없다. 들라노이는 에콜 폴리테크닉에서 공부를 했고 평생 군인으로 복무했던 사람이다. (프랑스의 에콜 폴리테크닉은 장교가 될 사람들이 과학 교육을 받는 저명한 학교로 수학사에 등장하는 유명한 수학자들 중 이곳 출신이 여럿 있다.) 들라노이는 에두아르 뤼카가 발행하는 수학 잡지에 실린 문제를 풀어 뤼카에게 보내면서 수학 연구를 시작하였다. 뤼카의 추천으로 프랑스 수학회 회원이 되어 활동했으며 일생 동안 10여 편 정도의 수학 논문을 발표하였다.

일반적으로 들라노이 수 $D(m, n)$은 격자가 있을 때 점 $(0, 0)$에서 점 (m, n)으로 위에서 제시한 세 가지 이동만을 이용해서 이동할 수 있는 경로의 가짓수다. 들라노이 수는 다음과 같은 점화식을 만족한다.

$$D(m, n) = D(m - 1, n) + D(m, n - 1) + D(m - 1, n - 1)$$

카탈랑 수는 $(0, 0)$에서 (n, n)까지 가는데 단계 $(1, 0)$과 $(0, 1)$만으로 이루어진 경로 중에서 대각선을 넘지 않는 경우의 수를 생각하였다. 이제 들라노이의 수를 생각할 때처럼 $(1,$

그림 37. $n=3$일 경우 슈뢰더 수를 나타내는 경로.

1)이라는 단계를 추가한다면 경로의 수는 어떻게 바뀔까? 이 경로의 수는 슈뢰더 수[•]에 해당한다. n번째 슈뢰더 수 S_n은 다음과 같은 점화식을 만족한다.

$$S_n = S_{n-1} + S_0 S_{n-1} + S_1 S_{n-2} + \cdots + S_{n-1} S_0$$
$$(S_0 = 1)$$

그림 37과 같이 $n = 3$일 때 단계 (1, 0), (0, 1), (1, 1)로 이루어진 경로 중 대각선을 넘지 않는 것은 총 22개가 된다.

늦 게 도 착 한 차 는 주 차 하 기 힘 들 다

일직선으로 된 n개의 주차 공간이 있다. 각 주차 공간은 1부터 n까지의 번호가 붙어 있다. 차 n대가 순서대로 주차를 하려고 한다. 각 차는 선호하는 주차 공간이 있다. 주차 공간에 대한 선호도는 함수 f: {1, 2, $\cdots$, n} $\longrightarrow$ {1, 2, $\cdots$, n}으로 주어진다. 앞의 집합의 번호는 차량 번호이면서 동시에 도착한 순서도 나타낸다. 뒤의 집합의 번호는 주차 공간의 번호다. 각 차는 자기 순서가 왔을 때 원하는 주차 공간이 이미 주차가 되어 있

● 독일의 수학자로 대수적 논리학 분야의 발전에 크게 기여한 에른스트 슈뢰더Ernst Schröder(1841~1902)의 이름이 붙여졌다.

으면 다음 번호의 주차 공간에 주차를 해야 한다.

예를 들어 세 대의 차가 주차를 할 경우를 생각해 보자. 선호도가 $f(1) = 3$, $f(2) = 1$, $f(3) = 3$이면 1번차는 3번에 주차하고 2번차는 1번에 주차하지만 3번차는 3번에 주차가 되어 있기 때문에 주차를 할 수가 없다. 3번이 마지막 공간이기 때문이다.

주차 함수parking function란 다음과 같이 정의되는 함수다. 함수 f: $\{1, 2, \cdots, n\} \rightarrow \{1, 2, \cdots, n\}$의 함숫값 $f(1)$, $f(2)$, $\cdots$, $f(n)$을 증가하는 순서로 재배열한 수열을 a_1, a_2, $\cdots$, a_n이라 했을 때 $a_k \leq k$를 만족하면 함수 f를 주차 함수라 한다.

앞에서 예를 든 차 3대의 경우 함숫값의 순서에 따른 재배열은 1, 3, 3인데 여기서 두 번째 3은 2보다 크므로 $f(1) = 3$, $f(2) = 1$, $f(3) = 3$은 주차 함수가 아니다. 차 3대의 경우 가능한 주차 함수를 모두 생각해 보자. $a_1 \leq 1$ 조건 때문에 일단 1이 반드시 나와야 한다. 1이 세 번 나오는 경우, 1이 두 번 나오는 경우, 1이 한 번 나오는 경우로 나눌 수 있다. 이 경우를 실제로 써 보면 111, 112, 113, 122, 123과 같다. 1이 한 번 나오는 경우 $a_2 \leq 2$ 때문에 3은 두 번 나올 수 없다. 위에 나열한 경우에 대해 순열을 생각하면 총 16가지가 된다. R. 파이크R. Pyke와 A. G. 콘하임A. G. Konhein, B. 바이스B. Weiss는 독립적으로 n대의 차에 대한 주차 함수의 개수는 $(n+1)^{n-1}$이 됨을 증명하였다.

수학 교수도 해결 못한
어느 법대생의 지도 색칠 문제

한 학교에 학생 다섯 명(혜원, 지우, 예진, 현수, 동주)이 있다고 가정하자. 이들은 학교 수업이 끝나면 방과 후 활동을 한다. 방과 후 활동 프로그램은 로봇 만들기, 바둑, 중국어, 대금, 태권도다. 한 학생이 참여할 수 있는 프로그램의 개수에는 제한이 없다. 각 학생들은 다음과 같이 프로그램에 참여한다.

각 프로그램은 50분씩 진행되며, 이동을 위해 10분간 휴식 시간이 있다. 학교에서는 방과 후 활동을 위해 최소 몇 시간을 더 학교를 개방해야 할까? 프로그램을 두 개 이상 참여하는 학생이 있기 때문에 같은 시간에 모든 프로그램을 운영할 수는 없다. 그렇다고 매시간 한 개씩 프로그램을 운영하여 방과 후 5시간을 추가로 학교를 개방하는 것은 학교에도 부담이 된다. 주어진 정보를 다음과 같이 표현해 보자. 각 프로그램을 꼭짓점으로 표시하고 두 프로그램을 모두 참여하는 학생이 있는 경우 두 꼭짓점 사이에 변을 이어서 그림 38과 같이 그래프를 그린다.

예를 들면 로봇 만들기와 대금은 혜원이가 모두 참여하므로 변을 잇는다. 로봇 만들기와 다른 프로그램을 동시에 참여

	혜원	지우	예진	현수	동주
로봇 만들기	○				
대금	○	○	○		
바둑		○			○
중국어			○		○
태권도				○	○

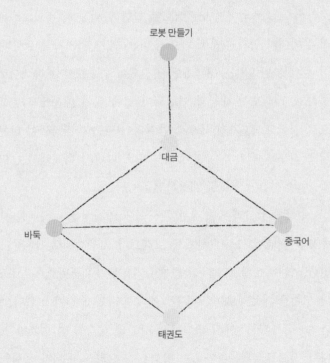

그림 38. 그래프의 꼭짓점 색칠 문제.

하는 학생은 없으므로 로봇 만들기와 다른 프로그램 사이에는 변이 없다. 바둑은 지우가 바둑과 대금을, 동주가 바둑과 중국어, 태권도를 동시에 참여하므로 바둑은 이들 세 꼭짓점과 변으로 연결해야 한다.

그래프에서 변으로 연결된 프로그램은 같은 시간에 열릴 수 없다. 프로그램이 열려야 할 시간을 정하기 위해 꼭짓점을 여러 색깔로 색칠해 보자. 대금을 파란색으로 칠하면, 바둑은 보라색으로, 중국어는 노란색으로 칠한다. 이들 세 프로그램은 서로 이어져 있기 때문에 반드시 다른 색 세 가지가 필요하다. 이제 로봇 만들기는 대금과만 연결되어 있으므로 보라색으로 칠하고, 태권도는 대금과 연결되어 있지 않기 때문에 파란색으로 칠한다. 세 가지 색으로 연결되어 있는 꼭짓점들이 다른 색을 갖도록 색칠하는 것이 가능하다. 따라서 학교에서는 방과 후 세 시간만 학교를 개방하면 된다.

수학에서 그래프는 정보들 사이에 연결성을 나타내는 데 유용한 개념이다. 수학사에서 그래프가 처음 등장한 것은 유명한 쾨니히스베르크 다리 문제다. 18세기에 쾨니히스베르크란 도시를 가로지르는 프레겔강에 7개 다리가 놓여 있었다(그림 39). 그 당시 집에서 출발해서 다리를 정확히 한 번씩만 지나서 집으로 다시 돌아오는 방법을 찾으라는 문제가 사람들

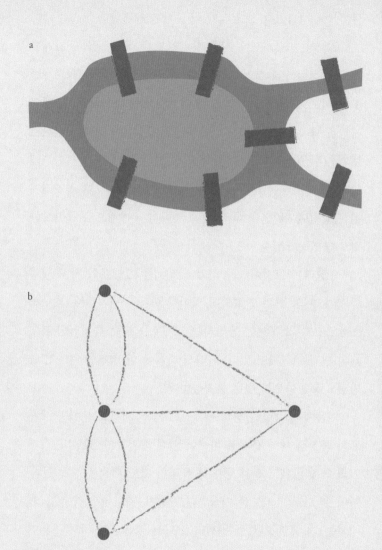

그림 39. a. 쾨니히스베르크의 7개 다리, b. 쾨니히스베르크의 7개 다리에 대한 그래프.

사이에 유행하였다. 오일러가 이 문제를 해결한다.

오일러는 그래프를 사용하여 문제를 해결하였다. 그래프는 꼭짓점이라고 불리는 점들과 꼭짓점 사이를 연결하는 변 또는 선으로 이루어져 있다. 프레겔강으로 나누어진 네 개의 지역을 꼭짓점으로 잡고 지역 사이를 연결하는 다리를 변으로 보면 그림 39 b의 그래프를 얻을 수 있다. 본래의 문제를 그래프 문제로 바꾸어 본다면 다음과 같다. 그래프의 한 꼭짓점에서 출발하여 각 변을 한 번씩만 지나서 출발점으로 돌아오는 경로가 있는가?

오일러는 그것이 가능하기 위해서는 그래프의 각 꼭짓점이 짝수 개의 변과 연결되어 있어야 함을 증명하였다. 쾨니히스베르크 다리 문제에 등장하는 그래프는 모든 꼭짓점이 홀수 개의 변과 연결되어 있다. 따라서 다리를 한 번씩만 지나서 출발점으로 돌아오는 것은 불가능하다.

처음에 생각했던 방과 후 프로그램의 시간표 문제는 그래프의 꼭짓점 채색 문제로 바꾸어 쉽게 해결할 수 있었다. 그래프의 꼭짓점 채색 문제 중에는 유명한 지도 채색 문제가 있다. 가령 한 도시의 지도를 제작한다고 하자. 지도에서 각 동을 표시하는 데 서로 인접한 동끼리는 다른 색을 사용해서 구분이 되도록 하려고 한다. 최소한 몇 개의 색이 필요할까? 각 동을 꼭짓점으로 표시하고 동 사이가 인접할 경우 두 꼭짓점을 변으로 연결하면 주어진 지도를 그래프로 바꿀 수 있다. 이때 지도를 색칠하는 문제는 그래프에서 변으로 연결된 두 꼭짓점을 다른 색으로 칠하는 문제로 바뀌게 된다. 그래프를 색칠하는 데 적어도 몇 개의 색이 필요한지 결정하는 문제다.

이 문제는 4색 문제로 알려져 있는데 4가지 색으로 모든 지도를 인접한 영역이 구분되도록 색칠할 수 있음을 증명하는 문제다. 3가지 색으로는 그림 40과 같이 구분할 수 없는 경우가 있기 때문에 최소한 4개의 색이 필요한데 4개의 색만으로 충분한지 자명해 보이지는 않는다.

4색 문제가 처음 공식적으로 등장한 것은 1852년 영국에서 법학을 공부하던 프랜시스 거스리Francis Guthrie(1831~1899)가 의문을 갖게 되면서부터다. 그는 영국 지도를 색칠하는 데 이웃한 지방이 구분되도록 하려면 4가지 색이면 충분하다는 것을 발견하게 된다. 그렇다면 4색만으로 모든 지도를 인접한 영역이 구분되도록 색칠할 수 있는지 질문하게 되었다. 거스리는 동생 프레더릭 거스리Frederick Guthrie(1833~1886)와 이 문제에 대해 논의하였다. 프레더릭 거스리는 당시 저명한 수학자 어거스터스 드 모르간Augustus De Morgan(1806~1871)의 강의를 듣고 있었는데, 그 수업 때 이 문제를 질문했다. 드 모르간

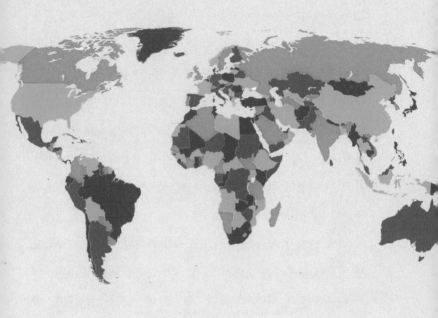

영역을 구분하는 데 4색이 필요한 지도

그림 40.   어떤 평면 지도이든 경계를 공유하는 영역이 구분이 되도록 색칠하는 데 4가지 색이면 충분하다는 예상이 해결되기까지는 90년이 걸렸다. (위 그림 https:// commons.wikimedia.org/wiki/File:World_map_with_four_colours.svg)

은 문제의 중요성을 깨닫고 이를 1860년 〈아테나움*Athenaum*〉
이라는 잡지에 소개하게 된다. 그 후로 이 문제는 한동안 잊혀
져 있었는데, 1878년 런던수학회 모임에서 아서 케일리Arthur
Cayley(1821~1895)가 다시 소개하게 되었다.

4색 문제에 대한 진전은 케일리의 학생이었던 알프레
드 브레이 켐프Alfred Bray Kempe(1849~1922)가 이루어 냈다.
1879년 켐프는 과학 잡지 〈네이처*Nature*〉에 4색 문제를 해결
했다고 발표했다. 나중에 그의 해법에 오류가 발견되었지만
그 해법에는 오늘날 켐프의 체인이라고 불리는 중요한 아이디
어가 들어 있다. 켐프의 해법에서 오류를 찾아낸 사람은 퍼시
히우드Percy Heawood(1861~1955)다. 1890년 히우드는 켐프의
방법이 작동하지 않는 예를 제시하면서 그의 아이디어를 잘
사용하면 5개의 색으로 모든 지도를 인접한 영역이 구분되도
록 색칠할 수 있다는 것을 증명하였다.

히우드의 발견 이후로 사실상 4색이면 충분하다는 것이
증명될 때까지 90년 가까운 세월이 걸렸다. 1976년 일리노
이대학교의 케네스 아펠Kenneth Appel과 볼프강 하켄Wolfgang
Haken은 컴퓨터를 사용하여 4색 문제를 해결하였다. 컴퓨터를
사용해야 했던 이유는 상상할 수 없을 정도로 많은 가능한 지
도의 유형들을 1936개로 줄이는 과정이 필요했고 1936개 유

형도 모두 4색으로 칠할 수 있음을 보여야 했기 때문이다.

이들의 증명은 상당한 논란을 가져왔다. 증명이란 과연 무엇인가라는 철학적 질문까지 대두되기도 하였다. 이 같은 의심 가운데 1996년 닐 로버트슨Neil Robertson, 대니얼 샌더스 Danial Sanders, 폴 시모어Paul Seymour, 로빈 토머스Robin Thomas 는 자신들의 방법으로 다시 4색 정리를 증명해 보기로 하였다. 그러나 그들도 컴퓨터를 쓸 수밖에 없었고 다만 1936개 유형을 633개 유형으로 줄이는 데 성공하였다. 확인해야 할 경우의 수를 3분의 1로 줄인 것이다.

방 황 하 는   시 베 리 아 인 의   채 색   문 제

학교 축구 클럽 네 팀이 며칠에 걸쳐서 친선 축구 대회를 하기로 했다. 모든 팀이 서로 정확히 한 번씩만 경기를 해야 한다. 각팀은 하루에 한 경기만 할 수 있으며 하루에 열리는 경기 수에는 제한이 없다. 축구 대회를 열려면 최소한 며칠이 필요할까?

이 질문에 답하기 위해 대진표를 모두 만들어 직접 시간표를 짜볼 수도 있지만 그래프를 이용하여 이 문제를 해결할 수도 있다. 각 축구 클럽을 꼭짓점으로 표시하고 두 클럽 사이에

시합을 할 경우 두 꼭짓점을 연결하는 변으로 표시한다. 네 개의 축구팀이므로 그림 41과 같은 그래프를 얻을 수 있다. 시합이 열리는 날짜를 정하기 위해 각 변을 채색해 보자. 같은 꼭짓점에서 만나는 변들은 서로 다른 색으로 칠해야 하는데 각 팀은 하루에 한 경기밖에 할 수 없기 때문이다. 그래프의 각 꼭짓점은 세 개의 변이 연결되어 있으므로 최소한 3개의 색이 필요하다. 그리고 3개의 색으로 같은 꼭짓점에서 만나는 변들이 서로 다른 색을 갖도록 그래프 전체를 채색할 수 있다. 결과적으로 축구대회는 3일간만 열리면 된다.

그래프의 각 변을 색칠하는 데 같은 꼭짓점에서 만나는 변들은 다른 색으로 칠할 때 최소한 몇 개의 색이 필요한지를 찾는 문제를 그래프의 변 채색 문제라고 한다. 최소한 필요한 색은 꼭짓점 중 차수가 가장 큰 꼭짓점의 차수(이를 d라고 하자)보다는 같거나 커야 함을 금방 알 수 있다. 그런데 놀라운 사실은 모든 단순 그래프가 채색에 필요한 수가 d 아니면 $d + 1$이라는 것이다. d개의 색으로 잘 안 되면 $d + 1$개의 색으로는 채색에 성공할 수 있다는 것이다. 이는 그래프의 꼭짓점을 색칠하는 문제와 변을 색칠하는 문제가 다른 성격의 문제라는 것을 보여 준다.

이 놀라운 사실은 러시아의 수학자 바딤 비징Vadim Vizing (1937~2017)이 1964년에 증명하였다. 비징은 열 살 때 가족 전

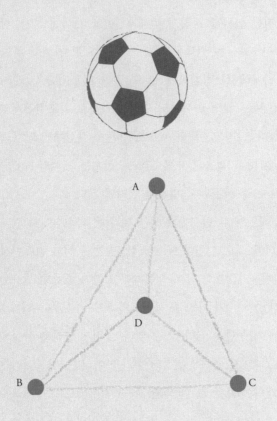

그림 41. 네 축구팀의 경기를 나타내는 그래프.

체가 시베리아로 추방되었는데, 비징의 어머니가 독일계라는 이유였다. 똑똑한 학생이었던 비징은 모스크바의 스테클로프 Steklov 수학연구소에서 박사 과정까지 밟았지만 함수론이라는 주제에 흥미를 느끼지 못해 시베리아로 돌아와 여러 가지 일을 하며 전전하였다. 우연히 노보시비르스크의 그래프 이론가 알렉산더 지코프Alexander Zykov 교수의 세미나에 참석하면서 그래프 이론을 연구하게 되었다. 1964년 훗날 그래프 변 채색에 대한 가장 유명한 정리가 될 결과를 발표하게 된다. 처음에는 권위 있는 한 수학 잡지에 보냈는데 퇴짜를 맞았고, 결국 시베리아의 지방 수학 잡지에 발표하게 되었다.

남 해 안 의 섬 들 을 자 동 차 로 여 행 한 다 고 ?

전라남도 신안군은 육지가 아니라 바다 위에 있는 행정 구역이다. 신안군은 880개의 섬으로 이루어져 있는데 국가에서는 큰 섬들을 다리로 잇는 대규모 프로젝트를 몇 년째 진행하고 있다. 예를 들면 자은도, 암태도, 팔금도, 안좌도는 3개의 다리로 서로 연결되어 있다. 이 네 개의 섬들과 근처에 있는 증도, 비금도, 장산도를 연결하는 다리도 건설 중이라고 하니 이 모

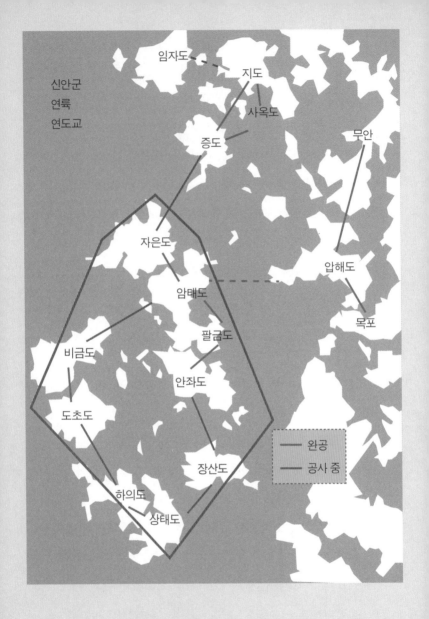

그림 42. 신안군의 섬들을 다리로 연결하는 프로젝트. 섬과 다리로 이루어진 하나의 그래프로 볼 수 있다.

든 프로젝트가 끝나면 수많은 다리로 연결된 섬들의 네트워크 같은 것이 생길 것이다.

여기서 수학 문제를 하나 생각해 보자. 다섯 개의 섬이 있다고 하자. 섬 사이에는 현재 배로만 왕래를 할 수 있는데 왕래를 쉽게 하기 위해 섬 사이에 다리를 놓기로 하였다. 임의의 두 섬 사이에 모두 다리를 놓기에는 비용이 많이 들기 때문에 몇 군데만 다리를 놓아 모든 섬이 왕래가 가능하게 하고 싶다. 가장 적은 수의 다리를 놓는다면 어떻게 다리를 놓아야 할까?

다리를 놓는 방법이 여럿 있겠지만 어떤 경우든 다리를 4개만 놓는 것으로 충분하다. 섬을 꼭짓점, 섬 사이의 다리를 변으로 본다면 이 문제도 그래프에 관한 문제로 볼 수 있다. 여기서 생각하는 그래프는 다섯 개의 꼭짓점을 연결하는 최소한의 변을 가진 그래프다. 이와 같은 그래프를 수형도tree라고 한다.

수형도의 특징은 사이클, 즉 출발점으로 다시 돌아올 수 있는 경로가 존재하지 않는다는 것이다. 사이클이 있으면 사이클 상의 두 섬을 연결하는 서로 다른 두 경로가 있다. 이 사이클에서 다리 하나를 제거해도 사이클 위에 있는 섬들을 연결하는 데 문제가 없기 때문에 사이클이 있는 경우는 연결된 그래프를 만들기 위해 최소한으로 변을 사용한 것이 아니다.

위에서 제시한 다섯 개의 섬을 연결하는 문제에서 사실상

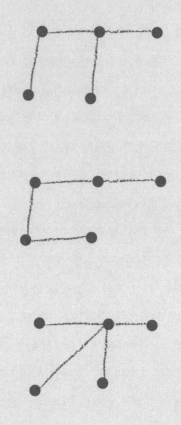

그림 43. 다섯 개의 꼭짓점을 갖는 수형도.

임의의 두 섬 사이를 다리로 연결하는 비용은 동일하다고 가정을 했는데 실제 문제에서는 다리를 연결하는 비용은 같지 않다. 각 두 섬의 쌍마다 다리 건설 비용을 모두 알고 있고 그것이 서로 동일하지 않다면 섬 다섯 개를 다리 4개로 연결하되 최소 비용으로 연결하는 방법은 무엇인가를 생각해 봐야 한다. 이 문제를 '최소 무게의 생성 수형도 찾기'라고 한다. 다섯 개의 꼭짓점을 일단 모두 연결하여 완전 그래프를 만들고 각 변에 무게를 부여한다. 이제 변을 네 개만 취하여 다섯 개의 점을 다 포함하는 수형도(이를 생성수형도라고 한다)를 만드는데 네 변에 부여된 무게의 합이 최소가 되는 수형도를 찾고자 한다.

이 문제에 대해 가장 잘 알려진 해법은 미국 수학자 조지프 크루스컬Joseph Kruskal(1928~2010)의 알고리즘과 로버트 프림 Robert Prim(1921~)의 알고리즘이다. 크루스컬의 알고리즘은 먼저 주어진 변들을 변들에 부여된 무게에 따라 변들의 순서를 정한다. 먼저 가장 무게가 작은 변을 선택한다. 그다음 크기의 무게를 갖는 변을 선택한다. 이와 같이 순서대로 변을 선택하는데, 만약 변을 선택하는 순간 사이클이 생기면 그 변을 선택하지 않고 다음으로 무게가 큰 변을 선택한다. 이와 같이 하여 꼭짓점의 개수에서 하나 적은 수만큼 변을 선택하면 끝나게 된다.

그림 44의 그래프에 크루스컬의 알고리즘을 적용해 보자.

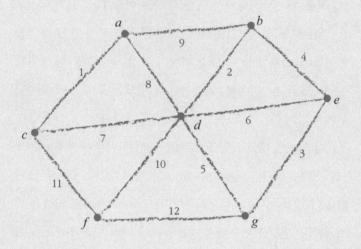

그림 44. 크러스컬의 알고리즘. 각 변 위의 숫자는 변의 무게다. 7개의 꼭짓점 모두를 연결하는 최소 무게의 수형도는 변 1, 2, 3, 4, 7, 10으로 이루어진다.

변을 선택하는 순서는 1, 2, 3, 4, 7, 10이다. 4까지 선택했을 때 다음 순서로 5나 6을 선택하게 되면 사이클이 생기게 된다. 따라서 그다음 크기의 변인 7을 선택하게 된다. 7 다음에 8이나 9를 선택하지 않는 것도 마찬가지 이유다. 선택한 6개의 변들은 최소 무게의 수형도가 된다.

크러스컬은 프린스턴대학교에서 박사 학위를 받은 2년 후인 1959년 이 알고리즘을 발표하였다. (크러스컬의 학위 논문을 지도한 사람은 다름 아닌 팔 에르되시다. 크러스컬은 여러 노벨상 수상자를 배출하기도 한 벨연구소에서 일생 동안 일하였다.) 크리스컬이 최소 무게의 수형도를 찾는 알고리즘을 제시한 최초의 사람은 아니다. 1926년 체코의 수학자 오타카르 보루브카Otakar Borůvka(1899~1995)가 이와 같은 종류의 알고리즘을 처음 제시한 것으로 알려져 있다. 보루브카는 모라비아 지방의 전기선을 효율적으로 개설하는 문제를 다루면서 유사한 알고리즘을 제시하였다. 보루브카의 알고리즘은 각 꼭짓점별로 그 꼭짓점에서 나가는 최소 무게의 변을 지정한 다음 생성수형도가 될 때까지 연결이 안 되는 성분 사이의 최소 무게의 변을 계속 추가해 나가는 방법을 쓴다.

크러스컬의 알고리즘과 더불어 대표적인 프림의 알고리즘은 1957년에 벨연구소의 엔지니어이자 수학자였던 프림에 의

해 제시되었다. 프림의 알고리즘은 임의의 꼭짓점 한 개에서 출발한다. 가령 위에서 다루었던 그래프에 프림의 알고리즘을 적용해 본다면 먼저 꼭짓점 b를 출발점으로 선택한다. 꼭짓점 한 개뿐인 최초의 수형도인 셈이다. 어떤 꼭짓점을 선택하여도 된다. 이제 꼭짓점 b와 나머지 꼭짓점들 사이의 변 중에서 무게가 가장 작은 변을 선택한다. 그 변은 무게가 2인 변이다. 이제 이 변을 추가함으로써 최초의 수형도를 꼭짓점 b와 d 그리고 두 점을 연결하는 변으로 이루어진 수형도로 갱신하는 것이다. 이제 이 새 수형도의 꼭짓점 b와 d와 나머지 꼭짓점들 사이의 변 중에서 무게가 가장 작은 변을 선택한다. 그 변은 무게가 4인 변이다. 수형도는 다시 꼭짓점 b, d, e와 무게가 2인 변, 무게가 4인 변으로 이루어진 수형도로 갱신된다. 이와 같은 과정을 반복하면 무게가 가장 작은 생성 수형도를 얻게 된다. 이는 앞서 크러스컬 알고리즘으로 구했던 것과 동일하다.

무한의 예술,
유한의 과학

곡률이 일정한 3차원 곡선은 나선이다. 나선을 이용한 건축물의 역사는 오래되었다. 그림은 18세기 프랑스 화가 위베르 로베르Hubert Robert(1733~1808)의 〈카프라롤라에 있는 빌라 파르네스의 계단Staircase in the Villa Farnese at Caprarola〉.

현수선은 건축물의 아치에 종종 이용된다. 헝가리 부다페스트의 켈레티 기차역.

(사진: Zátonyi Sándor)

사이클로이드 곡선이 아치 곡선으로 사용된 건축물. 에스토니아 출신의 세계적인 건축가 루이스 I. 칸Louis I. Kahn(1901~1974)이 설계한 미국 텍사스의 킴벨 미술관. (사진: Nic Lehoux)

개미는 늘어나는 고무 밴드를
벗어날 수 있을까

길이가 1km인 고무 밴드 위를 개미가 걸어가고 있다. 개미는 1분에 1cm씩 이동한다고 하자. 그런데 동시에 고무 밴드는 매 분마다 길이가 2배가 된다고 하자. 개미는 과연 고무 밴드의 끝에 도착할 수 있을까? 개미의 이동 속도에 비해 밴드가 늘어나는 속도가 훨씬 커서 불가능할 것이라고 생각할지 모른다. 1분이 지난 후 개미는 전체 밴드 길이의 $\frac{1}{1000}$을 이동한다. 다시 1분이 지나면 개미는 전체 밴드 길이의 $\frac{1}{2000}$을 이동한다. 그렇다면 처음에서 2분이 지난 동안 개미는 전체 밴드 길이의 $\frac{1}{1000}$ $+\frac{1}{2000}$을 이동한 것이다. 이와 같이 생각한다면 N분이 지난 후 개미는 전체 밴드 길이의 $\frac{1}{1000} + \frac{1}{2000} + \cdots + \frac{1}{N \times 1000}$만큼을 이동했다. 이를 다시 써 보면 $\frac{1}{1000}\left(1 + \frac{1}{2} + \cdots + \frac{1}{N}\right)$이다. 잘 알려진 대로 N이 점점 커질수록 $1 + \frac{1}{2} + \cdots + \frac{1}{N}$도 제한 없이 점점 커진다. 이는 다음과 같은 관찰을 통해 알 수 있다.

$$1 + \frac{1}{2} + \left(\frac{1}{3} + \frac{1}{4}\right) + \left(\frac{1}{5} + \frac{1}{6} + \frac{1}{7} + \frac{1}{8}\right) + \cdots$$

$$> 1 + \frac{1}{2} + \left(\frac{1}{4} + \frac{1}{4}\right) + \left(\frac{1}{8} + \frac{1}{8} + \frac{1}{8} + \frac{1}{8}\right) + \cdots$$

$$= 1 + \frac{1}{2} + \frac{1}{2} + \frac{1}{2} + \cdots$$

이를 정리해서 간단한 식으로 나타내면 다음과 같다.

$$1 + \frac{1}{2} + \frac{1}{3} + \cdots + \frac{1}{2^k} \geq 1 + \frac{k}{2}$$

따라서 만약 N이 2^{1998}보다 크면 $1 + \frac{1}{2} + \cdots + \frac{1}{N}$은 1000보다 커진다. 이때 개미는 사실상 밴드의 끝 지점을 지나 밴드를 벗어나고 만다.

위 문제에서 생각한 $1 + \frac{1}{2} + \cdots + \frac{1}{N} + \cdots$는 조화급수라고 알려진 대표적인 무한급수다. 무한급수란 일련의 수들을 계속해서 더하는 것이다. 유한개의 한정된 수를 더하면 유한한 수가 되겠지만 수를 더하는 과정이 멈추지 않고 계속된다며 수를 더할 때마다 새로운 수로 업데이트되는 것이다. 14세기 프랑스 신학자이자 과학자인 니콜 오렘Nicole Oresme(1320~1382)이 조화급수를 처음 연구한 것으로 알려져 있다. 개미 문제에서 이용한 발산에 대한 부등식도 오렘의 아이디어다.

개미 문제에서 살펴본 것처럼 조화급수가 유한한 값은 아니지만 상당히 천천히 증가한다는 것을 알 수 있다. 보통 조화급수의 부분합 $H_n = 1 + \frac{1}{2} + \cdots + \frac{1}{N}$을 조화수라고 하는데, 오일러는 $H_n = \log n + \gamma + \varepsilon_n$이라는 것을 보였다. 여기서 $\log n$은 밑수가 자연 상수 $e = \lim_{n \to \infty} \left(1 + \frac{1}{n}\right)^n$인 로그 함수다. 이 로그 함수를 보통 자연로그라고 부른다. 자연로그 함수는 아주 천천히 증가하는 함수다. 상수 γ(감마)는 오일러-마스케로니 상수라고 불리는 수로 대략 0.57721 정도 된다. 오차를 나타낸 ε_n은 n이 커질 때 0으로 간다.

오일러-마스케로니 상수는 미적분학에서 상당히 흥미로운 위치를 차지하는 상수다. 이 상수가 처음 등장한 것은 1731년 오일러의 논문이다. 오일러는 조화수와 로그 함수의 차이가 n이 커질 때 어떤 상수로 가까워지는 것을 보이면서 그 상수가 대략 0.577218임을 계산하였다. 오일러는 조화급수보다 일반적인 급수 $1 + \frac{1}{2^s} + \frac{1}{3^s} + \cdots + \frac{1}{N^s} + \cdots$(여기서 s는 자연수)에 대한 야코프 베르누이Jacob Bernoulli(1655~1705)의 연구

결과를 이용하여 오일러의 상수를 계산할 수 있었다. 이 계산에서 오늘날 베르누이 수라고 불리는 것을 사용하였다. 베르누이 수란 일련의 거듭제곱수들의 합을 표현하는 공식에서 등장하는 수다. 가령 $1^2 + 2^2 + 3^2 + \cdots + n^2$은 다음과 같이 n의 다항식 형태로 표현할 수 있다

$$1^2 + 2^2 + 3^2 + \cdots + n^2 = \frac{1}{3}(n^3 + \frac{2}{3}n^2 + \frac{1}{2}n)$$

여기서 우변에 등장하는 계수들이 베르누이 수다. 세제곱수의 합도 살펴보면 다음과 같다.

$$1^3 + 2^3 + 3^3 + \cdots + n^3 = \frac{1}{4}(n^4 + 2n^3 + n^2)$$

일반적으로 베르누이 수는 $B_0 = 1$, $B_1 = \frac{1}{2}$, $B_2 = \frac{1}{6}$, $B_3 = 0$, $B_4 = -\frac{1}{30}$, $\cdots$와 같으며 다양한 종류의 점화식을 통해 얻을 수 있다.

오일러는 베르누이 집안의 수학자들과 특별한 관계가 있었다. 베르누이 집안은 수학사에서 여러 저명한 수학자를 배출한 것으로 유명하다. 오일러의 아버지 파울 오일러 Paul Euler는 스위스 바젤과 리헨에서 활동한 개혁 교회의 목

그림 45. 베르누이가의 수학자들과 오일러를 기념한 우표. 그들의 수학 업적이 흥미롭게 표현되어 있다.

사였는데 베르누이 집안과 특별한 친분이 있었다. 바젤에서 대학 교육을 받은 오일러는 토요일마다 요한 베르누이Johann Bernoulli(1667~1748)의 지도를 받았다. 요한 베르누이는 현수선 문제, 최단 시간 강하 곡선 문제 등을 해결한 수학자로 미적분학이 빠르게 발전하던 시기의 대표적인 학자였다. 앞서 언급한 야코프 베르누이가 바로 요한 베르누이의 형이다. 오일러는 또한 요한 베르누이의 아들 다니엘 베르누이Daniel Bernoulli(1700~1782)와 일생 동안 특별한 우정을 나누었다. 러시아의 상트페테르부르크대학교의 교수로 오일러를 초청한 사람도 다니엘 베르누이였다.

이탈리아 파비아의 수학 교수였던 로렌조 마스케로니 Lorenzo Mascheroni(1750~1800)는 1792년 오일러가 제시한 문제에 대한 자신의 결과를 발표하면서 오일러의 상수를 소수점 아래 32자리까지 계산하였다(오일러는 15자리까지 계산했다). 당시는 수학 상수를 가장 많은 자리까지 계산한 사람의 이름을 따라서 부르는 것이 관례였기에 오일러 상수에 마스케로니의 이름이 붙게 되었다. 그런데 1809년 논문을 준비하던 요한 폰 솔트너Johann von Soldner(1776~1833)는 오일러의 상수를 22자리까지 계산하다가 마스케로니가 계산한 것과 차이가 있는 것을 발견했다.

계산의 정확성을 확인하고 싶었던 솔트너는 가우스에게 도움을 요청하였다. 가우스는 당시 계산 천재로 알려진 19세의 프리드리히 베른하르트 고트프리트 니콜라이Friedrich Bernhard Gottfried Nicolai(1793~1846)에게 이 계산 문제를 의뢰하였다. 니콜라이는 솔트너가 22자리까지 계산한 값이 정확하다는 것을 확인해 주었다. 마스케로니의 계산은 19자리까지만 정확했던 것이다. 그러나 불행하게도 니콜라이의 계산 결과는 사람들에게 잘 알려지지 않았다. 이후에도 상당한 세월 동안 마스케로니가 계산한 부정확한 값이 계속 사용되었다. 이 때문에 오일러 – 마스케로니 상수라는 이름이 굳어지게 된 것 같다. 오늘날 일부 수학자들은 정확하게는 오일러 상수라고 불러야 한다고 주장하기도 한다.

조화급수는 보다 일반적인 급수 $1 + \frac{1}{2^s} + \frac{1}{3^s} + \cdots + \frac{1}{N^s} + \cdots$의 특별한 경우로 볼 수 있다. 조화급수는 $s = 1$인 경우다. $s = 2$인 경우를 생각해 보자. 이 경우에 급수는 유한한 값이 된다. 이는 다음과 같은 관찰을 통해 알 수 있다.

$$1 + \frac{1}{2 \times 2} + \frac{1}{3 \times 3} + \frac{1}{4 \times 4} + \cdots + \frac{1}{N \times N}$$

$$< 1 + \frac{1}{1 \times 2} + \frac{1}{2 \times 3} + \frac{1}{3 \times 4} + \cdots + \frac{1}{(N-1)N}$$

$$= 1 + \left(1 - \frac{1}{2}\right) + \left(\frac{1}{2} - \frac{1}{3}\right) + \left(\frac{1}{3} - \frac{1}{4}\right) + \cdots + \left(\frac{1}{N-1} - \frac{1}{N}\right)$$

$$= 2 - \frac{1}{N}$$

일반적으로 s가 1보다 크면 무한급수는 유한한 값이 된다. 19세기의 저명한 독일 수학자 베른하르트 리만Bernhard Riemann(1826~1866)은 s에 따른 이 무한급수의 수렴 값을 s의 함수로 이해하여 제타 함수 $\zeta(s)$라고 불렀다. 리만의 제타 함수는 소수의 분포 연구에 있어 아주 중요한 역할을 한다. 제타 함수라고 불리는 무한급수에 대한 연구는 사실 훨씬 전 시대에 오일러가 시작하였다. 모든 소수를 순차적으로 p_1, p_2, $\cdots$, p_k, $\cdots$로 표현하면 제타 함수는 $\dfrac{1}{1 - 1/p_1^{\,s}} \times \cdots \times \dfrac{1}{1 - 1/p_k^{\,s}}$ 형태로 표현할 수가 있다. 오일러는 이를 통해 소수의 역수를 다 더한 무한급수, 즉 $\dfrac{1}{2} + \dfrac{1}{3} + \dfrac{1}{5} + \dfrac{1}{7} + \cdots + \dfrac{1}{p}$이 유한한 값이 아니라는 것을 보였다. 이는 BC 3세기에 유클리드가《원론》에서 소개한 소수의 개수가 유한하지 않다는 정리에 대한 또 다른 증명으로 볼 수 있다.

자연스러운 상수

앞에서 조화급수가 유한한 값을 갖지 않는다는 것을 살펴보았다. 조화급수의 부분합을 조화수라고 하였는데, 조화수는 대략 자연로그 함수 정도의 크기로 커진다는 사실도 설명했다. 여기서 소개한 자연로그 함수는 밑수로 자연 상수라는 특별한 수를 취한다. 자연 상수에 대해 좀 더 자세한 이야기를 하기 위해 먼저 미분법에 대한 아이디어를 소개하고자 한다.

자연 현상을 수학적으로 설명하고자 할 때 함수는 유용한 도구 중 하나다. 두 개의 변하는 양을 연결하는 규칙을 설명하는 것이 함수다. 에베레스트산을 등반한다고 해 보자. 일정한 고도 이상 올라가면 숨을 쉬기 힘들어져 일반인들은 산소마스크를 써야 한다. 숨을 쉬기 힘든 이유는 산소가 지면보다 희박하기 때문이다. 이와 같은 자연 현상은 기압이라는 개념을 사용하여 설명한다. 이때 기압은 고도가 높아짐에 따라 감소한다. 즉 기압은 해발 고도의 함수다.

아주 높은 산을 등산하는 사람에게는 유용하면서도 중요한 질문 하나가 있다. 고도가 500m씩 올라갈 때마다 기압은 얼마나 떨어질까? 기압이 떨어지는 정도가 고도 1000m를 지날 때나 고도 5000m를 지날 때나 일정하다면 해발 고도에 대

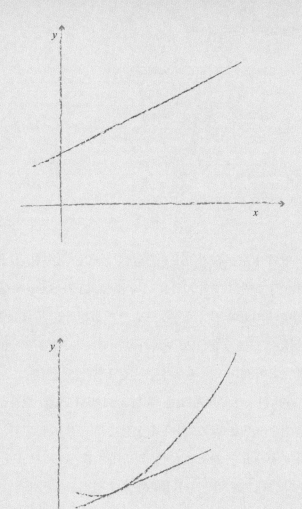

그림 46.　미분은 함숫값의 변화율을 나타낸다.

표 2. 해발 고도에 따른 기압 변화

해발 고도(미터)	기압(hPa)	기압의 변화율
0	1013.25	–
500	954.61	−58.64
1000	898.76	−55.85
1500	845.59	−53.17
2000	795.01	−50.58

한 기압의 함수는 일차 함수다. 물론 기울기는 음수일 것이다. 표 2는 각 해발 고도의 기압을 나타낸다. 고도가 500m씩 올라갈 때마다 기압이 떨어지는 정도도 함께 표시하였다. 표 2에서 관찰할 수 있는 것은 고도 변화가 일정해도 고도가 점점 높아지면 기압이 떨어지는 정도가 점점 감소한다는 것이다.

어떤 함수가 주어져 있을 때 한 점에서 함숫값의 변화율을 보통 함수의 미분이라고 한다. 함숫값이 그 지점에서 얼마나 급격하게 증가 또는 감소하는지를 나타내는 값이라고 보면 된다. 함수의 그래프를 이용해서 설명해 보면 점 $(a, f(a))$에서의 접선의 기울기가 바로 $x = a$에서 함수의 변화율을 나타낸다. 함수가 일차 함수라면 함수의 그래프는 직선이다. 이 경우에는 모든 점에서 변화율이 일정하다. 함수의 그래프가 포물선 모양이면

표 3. 1980년대 멕시코의 인구 변화

연도	인구(100만)	인구 변화(100만)	인구 변화량/직전 연도 인구
1980	67.38	–	–
1981	69.13	1.75	0.0259
1982	70.93	1.80	0.0260
1983	72.77	1.84	0.0259
1984	74.66	1.89	0.0259

접선의 기울기는 점에 따라 달라진다. 포물선이 위로 올라가는 모양이라면 함숫값이 점점 더 급격하게 증가한다는 뜻이다. 이 경우에는 접선의 기울기는 점점 더 커지게 된다.

함수의 미분은 주어진 어떤 현상을 설명하는 함수를 찾는 데 유용하다. 주어진 현상을 설명하는 적절한 함수를 찾고 싶은데 그 함수를 바로 찾기는 어렵지만 그 함수의 변화율이 만족해야 할 관계식은 보통 어렵지 않게 얻을 수가 있다.

인구 증가를 설명하는 함수를 보자. 표 3은 1980년대의 멕시코의 인구 증가를 나타낸다. 표에 주어진 자료를 이용하여 인구 증가가 어떤 패턴으로 이루어지는지를 설명하는 함수를 구할 수 있을까?

표 3을 보면 매년 인구 증가량이 조금씩 늘어나는 것을 알

수 있다. 이것은 인구 증가를 나타내는 함수가 시간에 대해 일차 함수가 아니라는 것을 말해 준다. 반면에 직전 연도 인구 대비 인구 변화량을 보면 거의 일정함을 알 수 있다. 1980년을 기준으로 t년 후 멕시코 인구를 나타내는 함수를 $P(t)$라고 하면 $(P(t+1)-P(t))/P(t)$가 t에 관계없이 일정하다는 것이다. 이것은 사실상 함수 $P(t)$의 미분과 $P(t)$의 비율이 일정함을 뜻한다. 따라서 $\frac{dP}{dt}=kP$라는 관계식을 얻는다. 이 식이 뜻하는 바는 멕시코의 해당 연도의 인구 증가율이 그해의 인구에 비례한다는 것이다. 함수의 변화율이 자기 자신에 비례하는 함수는 어떤 함수일까?

인구 변화량 대비 직전 연도의 인구, 즉 $(P(t+1)-P(t))/P(t)=0.0259$로 일정하다고 했는데, 이 식을 다시 살펴보면 $P(t+1)=1.0259P(t)$와 동일한 식임을 알 수 있다. 이 식을 1980년부터 연속적으로 적용하면 $P(t)=67.38(1.026)^t$이 된다. 이 함수는 지수 함수라 불리는 유형의 함수다. 변수가 상수의 지수에 있기 때문에 그와 같은 이름을 갖게 되었다. 그렇다면 변화율이 자기 자신에 비례하는 함수는 지수 함수인 셈이다.

지수 함수는 일반적으로 $y=a^x$으로 표현할 수 있다. (여기서 a는 1이 아닌 양의 실수다.) 가령 $y=2^x$ 또는 $y=0.5^x$ 등을 생각할 수 있다. 특별히 이들 지수 함수 중 변화율이 자기 자신이 되는 지수 함수도 있을 터인데 그렇게 되는 a는 유리수가 아니라 어떤 무리수다. 그 무리수를 자연 상수라고 부르고 e라고 표현한다.

자연 상수 e는 엉뚱하게도 은행에 예치한 돈이 불어나는 문제에서도 등장한다. 어떤 은행에 1000원을 입금했다고 하자. 은행은 연이자 8%를 주기로 했다고 하자. 1년 후 은행 계좌에는 $1000 + 1000 \times 0.08 = 1080$원의 돈이 있다. 그런데 어떤 은행은 같은 연이자이지만 1년 동안 두 번에 나누어서 이자를 쳐주기로 했다. 그렇다면 6개월 후 $1000 + 1000 \times 0.04 = 1040$원이 되고 다시 또 6개월이 지나면 $1040 + 1040 \times 0.04 = 1081.6$원이 된다. 그렇다면 이 은행과 거래하는 것이 더 이득이 될 것이다.

그런데 또 다른 어떤 은행이 한 달에 한 번씩 이자를 계산해 주겠다고 하면 어떨까? 아니면 매일 이자를 계산해 주겠다고 하면 어떨까? 우리는 1년 후 은행 잔고에 원금 1000에 비해 아주 많은 돈이 있을 것을 기대하게 되지 않을까?

1683년 야코프 베르누이도 이와 유사한 문제를 생각하였다. 1년 이자 8%를 1년 동안 n번 나누어서 준다고 하면 1년 후 계좌의 잔고는 $1000(1 + 0.08/n)^n$이다. 여기서 n이 만약 무한대로 간다면 이는 $1000e^{0.08}$에 점점 가까이 간다. 놀라운 점은 은행의 잔고가 무한정 커지지 않는다는 점이고 동시에 자연 상수 e가 등장한다는 점이다.

1988년 저명한 수학 잡지인 〈매스매티컬 인텔리젠서 *Mathematical Intelligencer*〉는 24개의 공식 및 정리를 과학 분야의 리더들에게 제시하고 가장 아름답다고 생각하는 정도에 따라 점수를 주도록 했다. 그렇게 하여 순위가 결정되었는데 그중 1위를 차지한 것은 오일러의 공식이라고 알려진 다음 식이다.

$$e^{i\pi} = -1$$

여러 사람들에게 이 공식이 높은 점수를 받은 이유는 수학 역사상 가장 근본적인 수들이 한 식에 모두 등장하기 때문이다. 원주율 π, 음수 -1, 허수 $i = \sqrt{-1}$, 그리고 자연 상수 e가 그것이다.

현 수 교 를   지 탱 하 는   곡 선

영국 브리스틀의 상징인 클리프턴 현수교Clifton Suspension Bridge는 에이번강 협곡 위를 가로지르는 다리다. 현수교란 강이나 바다의 수심이 깊어 교각을 세울 수 없거나, 다리로 연결

그림 47. 영국 잉글랜드 남서부 브리스틀에 있는 클리프턴 현수교. 에이번강 75미터 위에 걸린 길이 414미터의 이 현수교는 영국 역사상 최고의 토목 역사가라 불리는 이점바드 킹덤 브루넬Isambard Kingdom Brunel이 설계했으며, 1864년 완공했다. (사진: Nic Trott)

되는 양쪽이 깊은 협곡을 이루어 교각이 아주 길어지는 경우 다리의 양쪽 끝에 높은 기둥을 각각 세워 강도가 높은 케이블로 연결한 후 교량을 지지하는 수직 케이블을 여러 개 매달아 만든 다리다. 현수교를 지탱하는 케이블이 만드는 곡선을 눈여겨보면, 이 곡선에 어떤 특별한 수학이 숨어 있다.

보통 현수선catenary이라고 불리는 이 곡선은 간단한 모델링을 통해 특정한 함수의 그래프로 실현할 수가 있다. 먼저 곡선의 양쪽 끝은 고정되어 있다. 중력에 의해서 아래로 처지는 이 곡선은 대칭을 이루는 수직축을 갖는다. 이 축을 좌표 평면상의 y축으로 놓으면 곡선은 좌우 대칭인 어떤 함수의 그래프일 것이다. 곡선의 각 부분은 중력과 양쪽 방향에서의 장력에 의해 평형을 이룬다. 이 조건으로부터 곡선의 각 점에서의 기울기, 즉 곡선을 그래프로 갖는 어떤 함수의 미분값이 곡선의 최하점에서 그 점까지의 구간의 길이와 비례해야 한다는 조건을 얻을 수 있다. 이 조건을 만족하는 함수는 $y = A\cosh Bx$ $= A(e^{Bx} + e^{-Bx})/2$ 형태다. 상수 A는 곡선의 최하점의 x축으로부터의 높이고 상수 B는 곡선의 단위 길이당 무게와 장력에 의해서 결정된다. 여기서 등장하는 함수는 쌍곡 함수라고 불리는 것으로 앞에서 등장하였던 자연 상수 e를 밑수로 갖는 지수 함수를 이용하여 구성된다. $y = e^{Bx}$는 증가하는 지수 함

현수선

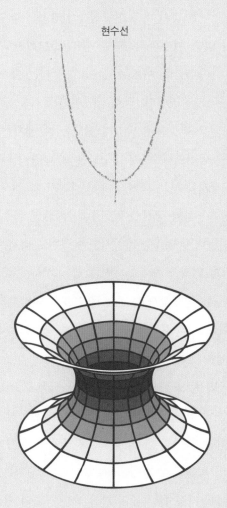

그림 48.　카테노이드는 현수선을 수평축에 대해 회전시켜 얻은 곡선이다. 극소 곡면
중 최초로 발견된 곡면이다.

수고 $y = e^{-Bx}$는 그 함수를 y축에 대해 대칭시킨 것이다. 두 함수의 평균을 취한 것이 바로 현수선을 설명하는 함수다.

위에서 얻은 현수선을 x축을 중심으로 회전하면 곡면을 하나 얻게 된다. 카테노이드catenoid라고 불리는 이 곡면은 3차원 공간의 극소 곡면이다. 극소 곡면이란 철사를 구부려 폐곡선을 만든 다음 비눗물에 담갔다 꺼냈을 때 생기는 비누막이 만들어 내는 곡면이다. 이때 비누막은 표면 장력 때문에 주어진 철사가 경계를 갖는 곡면 중에서 넓이가 가장 작은 곡면이다. 이 곡면을 3차원 공간상에 변수가 두 개인 함수의 그래프로 볼 수 있는데 함수들을 변형시키면 곡면도 바뀌게 된다. 이때 각 곡면의 면적을 생각한다면 고정된 철사에 대한 면적은 고정된 철사를 경곗값으로 갖는 함수들에 대한 함수라고 볼 수 있다. 이때 면적을 가장 작게 만드는 함수는 어떤 특정한 미분 방정식을 만족하게 된다.

극소 곡면을 설명하는 다른 방법은 평균 곡률이라는 개념을 사용하는 것이다. 곡선의 곡률은 곡선이 휘어진 정도를 측정하는 양이다. 곡면의 한 점에서의 평균 곡률은 그 점에서 곡면과 수직인 평면들로 잘랐을 때 단면으로 생기는 곡선들의 곡률들 중에서 가장 큰 곡률과 가장 작은 곡률의 평균이다. 말안장처럼 생긴 곡면을 보면 한쪽 방향으로는 곡선이 위로 휘

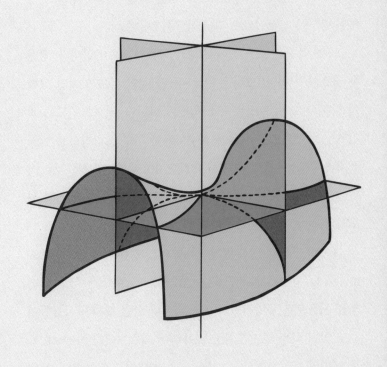

그림 49. 말안장 점에서의 평균 곡률은 0이 된다.

어져 있지만 그와 수직인 방향으로 생기는 단면의 곡선은 아래로 휘어져 있다(그림 49 참조). 가장 큰 곡률과 가장 작은 곡률은 부호는 반대고 크기가 같으므로 평균 곡률은 0이다. 구면은 모든 방향이 동일한 곡선이므로 평균 곡률이 양수다. 평면은 모든 방향이 직선이므로 평균 곡률이 0이다.

극소 곡면은 모든 점에서 평균 곡률이 0인 곡면이다. 평면은 극소 곡면이다. 도넛은 평균 곡률이 0인 점도 있지만 그렇지 않은 점도 있으므로 극소 곡면이 아니다. 카테노이드는 회전하는 방향으로는 곡률이 음수이지만 현수선 방향으로는 곡률이 양수다. 실제로 두 개를 더하면 0이 된다. 따라서 극소 곡면이다. 비누막으로 카테노이드를 구현하려면 같은 크기의 원 모양의 철사 두 개를 사용해야 한다.

1776년 프랑스 수학자 장 밥티스트 마리 뫼스니에Jean Baptiste Marie Meusnier(1754~1793)는 카테노이드가 극소 곡면임을 처음으로 증명하였다. 뫼스니에의 발견 전까지 사람들이 알고 있던 극소 곡면은 평면뿐이었다. 뫼스니에는 카테노이드뿐 아니라 헬리코이드helicoid도 극소 곡면이 된다는 것을 보였다. 헬리코이드는 카테노이드를 수직 방향으로 자른 후 카테노이드의 회전축을 따라 위아래로 각각 감아올리면 얻을 수 있다. 이와 같은 변형은 곡면 위의 거리를 변형시키지 않기 때

그림 50. 비누막으로 구현한 카테노이드.

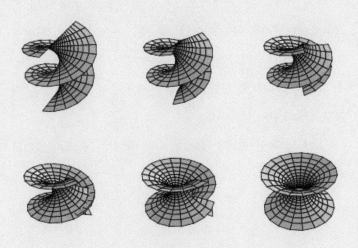

그림 51. 카테노이드를 변형하여 헬리코이드를 얻는 법.

문에 평균 곡률이 0이라는 성질이 그대로 보존된다. 헬리코이드는 수직축에 수직이고 중점이 수직축에 있는 선분 하나를 회전시키면서 선분의 중심을 수직축을 따라 아래로 이동시킬 때 생기는 곡면이다. 이때 선분의 끝 점은 입체 나선helix을 만들기 때문에 헬리코이드란 이름이 붙게 되었다.

자 전 거　바 퀴 살 이　그 리 는　곡 선 의　비 밀

미분법의 도입은 다양한 함수를 좀 더 자유롭게 다룰 수 있도록 해 주었다. 이는 결과적으로 이전에 다룰 수 없던 수학 문제들을 해결할 수 있는 아이디어를 주었다. 곡선에 대한 연구도 그중 하나다. 매끄러운 곡선들은 부분적으로 미분이 가능한 함수의 그래프로 실현할 수 있기 때문에 미분이 곡선을 연구하는 중요한 도구가 되었다.

　　1696년 요한 베르누이는 한 과학 잡지에 다음과 같은 문제를 제시하였다.

　　지면에 수직으로 세워진 평면상에 두 개의 점이 있다. 두 점을 어떤 곡선으로 연결해야 높이가 높은 점에서 출발하여 낮은 점으로 곡선을 따라 중력에 의해서만 움직일 때 최단 시간에 높이가 낮은 점에 도착하겠는가?

편의상 시작점 A를 좌표 평면상에 원점에 두고 도착점 B를 x축 아래 적당한 점으로 선택하자(그림 52). 먼저 두 점을 잇는 적당한 곡선을 생각하자. 이 곡선을 어떤 함수 $f(x)$의 그래프 $y = f(x)$로 이해해도 좋다. A에서 출발한 쇠구슬 같은 것이 중력에 의해 B까지 이동한다고 하자. 두 점을 잇는 직선이 가장 최단 시간에 이동할 수 있는 방법이라고 생각하기 쉽지만 실제로 그렇지 않다. A에서 B로 주어진 곡선을 따라 이동하는 시간을 구하기 위해 A와 B 사이의 곡선을 n개로 분할하여 각 부분을 지나는 시간을 계산해 보자.

첫 번째 구간을 지나는 시간을 t_1이라 하면 $t_1 = \dfrac{s_1}{v_1}$으로 둘수 있다. 여기서 s_1은 첫 번째 구간 곡선의 길이이고 v_1은 이 구간을 지나는 속도다. 속도는 구슬이 중력에 의해 가속되기 때문에 상수가 아니다. 첫 번째 구간이 끝나는 점을 (x_1, y_1)이라고 한다면 이 지점을 통과하는 속도는 $v_1 = \sqrt{2g(-y_1)}$이다. 곡선의 길이 s_1은 두 점 $(0, 0)$과 (x_1, y_1) 사이의 거리로 근사할 수 있다. 따라서 $t_1 \approx \sqrt{x_1^2 + y_1^2} / \sqrt{2g(-y_1)}$이다. 마찬가지로 두 번째 구간이 끝나는 점을 (x_2, y_2)라고 하면 $t_2 \approx \sqrt{(x_2 - x_1)^2 + (y_2 - y_1)^2}$

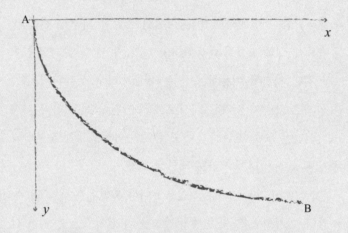

그림 52. A에서 B까지 최단 시간에 이동하는 곡선 찾기.

$/\sqrt{2g(-y_1)}$이다. 이런 식으로 모든 구간에 대해 이동 시간을 전부 합하면 A에서 B까지 이동 시간 T는 근사적으로 다음과 같이 된다.

$$T \approx \sum_{i=1}^{n} \sqrt{\frac{\Delta x_i^2 + \Delta y_i^2}{2g(-y_i)}} = \sum_{i=1}^{n} \sqrt{\frac{1 + (\Delta y_i / \Delta x_i)^2}{2g(-y_i)}} \Delta x_i$$

$$= \sum_{i=1}^{n} \sqrt{\frac{1 + f'(x_i)^2}{2g \, |f(x_i)|}} \Delta x_i$$

물론 곡선을 좀더 작은 구간들로 분할하면 더 정확한 근사를 얻을 것이다. 여기서 $\Delta y_i / \Delta x_i = (y_i - y_{i-1})/(x_i - x_{i-1})$는 함수의 미분값 $f'(y_i)$로 근사할 수 있다. 따라서 전체 이동 시간은 A에서 B까지의 이동 경로, 즉 곡선을 표현하는 함수 $y = f(x)$와 그 미분에 어떤 조합의 합으로 결정된다는 것을 알 수 있다. 그렇다면 질문은 어떤 함수 $y = f(x)$가 T를 가장 작게 할 것인가다.

요한 베르누이가 문제를 제시했을 때 다섯 수학자가 풀이를 보내 왔다. 그들은 뉴턴, 고트프리트 라이프니츠Gottfried Leibniz(1646~1716), 야코프 베르누이, 에렌프리트 발터 폰 치른하우스Ehrenfried Walther von Tschirnhaus(1651~1708), 그리고 기욤 드 로피탈Guillaume de l'Hôpital(1661~1704)이었다. 이들은 당

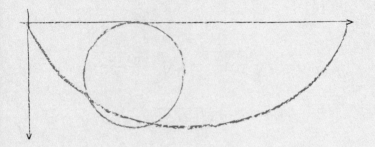

그림 53. 최단 시간 강하 곡선.

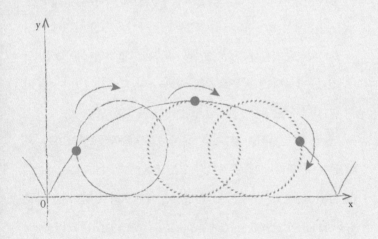

그림 54. 사이클로이드.

대의 미적분학 분야의 권위자들이다. 요한 베르누이는 이들의 해 모두를 그가 문제를 제시했던 과학 잡지에 발표했다. 베르누이가 제시한 문제는 오늘날 변분법이라고 불리는 분야의 시초가 되는 문제로 여겨진다. 베르누이의 문제에 대한 해답이 되는 곡선은 매개 변수 꼴로 주어지는데 $x = at - a\sin t$, $y = a - a\cos t$와 같다. 최단 시간 강하 곡선이라 불리는 이 곡선은 흥미로운 곡선이다. 이 곡선을 위아래로 뒤집을 곡선을 사이클로이드cycloid라고 부른다. 사이클로이드는 반지름이 a인 바퀴를 x축 위로 굴릴 때 바퀴살의 끝 점이 그리는 궤적이다. 바퀴살 끝에 형광판을 붙인 자전거가 캄캄한 밤에 달릴 때 형광판이 그리는 곡선을 본 적이 있을 것이다.

사이클로이드라는 용어를 처음 도입한 사람은 갈릴레오 갈릴레이Galileo Galilei(1564~1642)다. 원(사이클)이 굴러가면서 생기는 궤적이라 하여 붙인 이름이다. 수학사가들 사이에서 누가 처음으로 사이클로이드를 연구하였는가는 오랜 논쟁거리였다. 여러 가지 기원설이 제시되었지만 현재까지 가장 유력한 것은 프랑스의 수학자 샤를 드 보벨레Charles de Bovelles(1475~1566)가 사이클로이드를 연구한 최초의 인물이라는 주장이다. 실제로 1503년 출간된 보벨레의 저서 《기하학 개론Geometricae introductionis》에서 사이클로이드를 발견할 수 있다. 그러나 보벨레는 사이클로이드에 대해 정확하게 이해하고 있지는 못하였다.

수학사가인 칼 보이어Carl Boyer(1906~1976)는 사이클로이드를 '기하학자들의 헬렌'이라고 불렀다. 헬렌은 고대 스파르타 왕 메넬라우스의 왕비인데 상당한 미녀였다고 한다. 트로이의 파리스 왕자가 그녀를 납치해 가는 바람에 그리스 연합군과 트로이 사이의 유명한 트로이 전쟁이 발발하였다. 사이클로이드 때문에 당대에 대표적인 수학자들 여럿이 서로 다투었다. 메르센은 사이클로이드의 접선을 작도하기 위해 질드 로베르발Gilles de Roberval(1602~1675)이 가르쳐 준 방법을 사용하였다. 메르센은 자신의 결과를 갈릴레이에게 소개했는데 갈릴레이의 제자였던 에반젤리스타 토리첼리Evangelista Torricelli(1608~1647)가 이 방법을 배워 사이클로이드 아래의 면적을 구하는 데 사용하였다. 토리첼리가 이 결과를 출판하면서 로베르발과 사이에 표절 시비가 붙었다.

또 다른 유명한 다툼은 파스칼이 사이클로이드에 대해 상금을 건 몇 개의 문제를 제시하면서 일어났다. 당시 파스칼과 로베르발이 심사 위원이었다. 존 윌리스가 문제에 대한 해답을 제시했으나 심사 위원들을 만족시키지 못하였다. 그사이 크리스토퍼 렌Christopher Wren(1632~1723)이 사이클로이드의

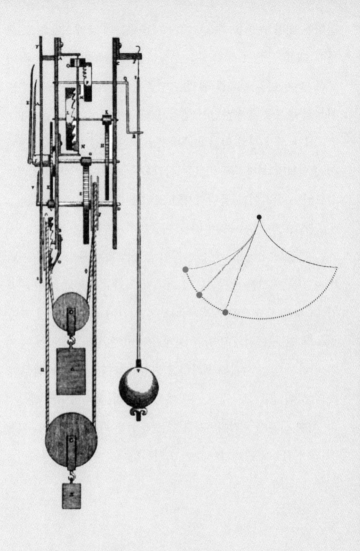

그림 55. 하위헌스의 진자시계. 좌우의 범퍼가 사이클로이드가 되면 진자는 최단 시 간 강하 곡선을 따라 움직인다.

길이에 대한 논문을 파스칼에게 제출했는데 로베르발은 그 결과에 대해 자신의 선취권을 주장하면서 갈등이 생겼다. 흥미로운 것은 렌의 결과를 월리스가 출판해 준 것이다. 월리스는 자신의 논문을 출판하면서 렌의 증명도 같이 소개한 것이다.

최단 시간 강하 곡선의 흥미로운 점은 곡선 위의 어느 점에서 출발하던 최하점에 이르는 시간이 동일하다는 것이다. 네덜란드의 수학자이자 물리학자인 크리스티안 하위헌스Christiaan Huygens(1629~1695)는 이 점을 이용하여 주기가 일정한 진자시계를 만들었다(그림 55). 일반적인 진자시계는 추가 왔다 갔다 하는 진폭이 시간이 지나면서 짧아지게 되고 그렇게 되면 진자가 더 빠르게 움직이게 되기 때문에 시간이 더 빨라지게 된다. 천문학 연구를 위해 정확한 시계가 필요했던 하위헌스는 주기가 변하지 않는 시계를 생각하게 되었다. 하위헌스의 시계는 두 개의 사이클로이드 벽면 사이에서 진자가 움직이도록 만들었다. 이때 진자가 움직이면서 그리는 곡선은 최단 시간 강하 곡선이 되며 진폭에 관계없이 주기가 일정하다.

곡선에 대한 네 꼭짓점의 정리

전통적인 유클리드 기하학은 선분으로 이루어진 도형, 즉 다각형에 대한 문제에 많이 집중되어 있다. 자와 컴퍼스로 작도하는 것에 근간을 두기 때문인지도 모르지만 원을 제외하고는 다른 곡선에 대한 문제는 상대적으로 이후의 시기에 다루어졌다. 그렇지만 원추 곡선이라고 불리는 특별한 곡선들은 비교적 일찍부터 관심의 대상이었다. 원뿔은 직각삼각형을 평면에 수직으로 세우고 높이를 축으로 하여 회전시켰을 때 얻을 수 있는 입체인데 이 원뿔을 평면으로 자르면 원, 타원, 포물선 등을 얻을 수 있음이 발견되었다. 유클리드도 이 원추 곡선에 대한 책을 썼다고 하나 전해지지 않는다. BC 2세기 아르키메데스는 포물선과 직선으로 둘러싸인 영역의 면적을 계산하는 문제를 연구했다. 그는 실제로 원추 곡선에 대한 책을 쓰기도 하였다. 원추 곡선에 대한 연구를 본격적으로 한 수학자는 BC 3세기에 활동한 페르가의 아폴로니우스Apollonius of Perga다.

근대 유럽에서 과학 혁명이 이루어질 때 원추 곡선은 중요한 관심의 대상이 되었다. 요하네스 케플러Johannes Kepler(1571~1630)는 스승 티코 브라헤Tycho Brache(1546~1601)가 천체에 대해 관측한 자료를 근거로 태양계의 행성들의 궤도가

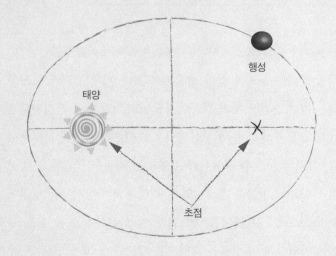

그림 56. 케플러의 법칙. 태양 주위를 도는 행성의 궤도는 타원을 이룬다.

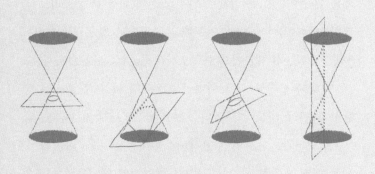

그림 57. 원추 곡선 원, 포물선, 타원, 쌍곡선은 원뿔과 평면이 만나는 단면으로부터 얻을 수 있다.

타원이라는 것을 증명하였다. 이후에 뉴턴은 자신의 운동 법칙과 미적분학을 이용하여 수학적으로 케플러의 귀납적 결론을 다시 증명하였다. 뉴턴은 물리적으로 어떤 조건에 따라서 태양계 행성의 궤도가 원, 타원, 포물선 중 하나가 될 것임을 수학적 증명하였다. 타원은 고정된 두 점을 일정한 길이의 끈으로 연결한 후 끈에 연필을 매달고 연필을 움직일 때 생기는 궤적이다. 이때 두 고정점을 타원의 초점이라고 한다. 타원의 초점에 대한 개념은 3세기의 수학자 알렉산드리아의 파푸스 Pappus of Alexandria가 이미 도입한 개념이다. 태양계의 행성들은 태양을 초점으로 하는 타원 궤도를 그린다.

곡선에 대한 근대적인 연구는 르네 데카르트René Descartes (1596~1650)가 직교 좌표를 도입함으로써 시작되었다. 평면 위의 곡선들은 어떤 대수 방정식을 만족하는 수들의 순서쌍들의 집합으로 이해할 수 있게 되었다. 가령 중심이 원점에 있고 반지름이 1인 원은 방정식 $x^2 + y^2 = 1$로 표현할 수 있다. 이제 곡선에 대한 기하학은 대수 방정식에 대한 연구를 통해 가능하게 되었다. 그러나 물체의 운동 등을 연구하는 입장에서는 물체의 운동이 그리는 궤적을 자유롭게 표현할 필요가 있었다. 이는 곡선을 부분적으로 원하는 만큼 자유롭게 변형할 수 있어야 함을 의미한다. 데카르트가 도입한 대수적인 방법

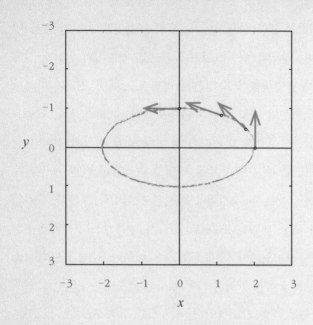

그림 58. 타원의 곡률. 수평축과 만나는 점의 곡률이 수직축과 만나는 점의 곡률보다 크다.

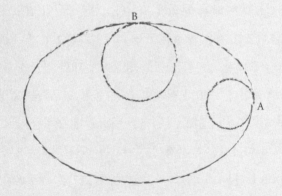

그림 59. 타원의 곡률원. A에 접하는 곡률원은 B에 접하는 곡률원보다 곡률(=반지름의 역수)이 크다.

은 이에 대해 제약이 있었다. 반면 뉴턴과 라이프니츠가 도입한 미분법은 자유롭게 곡선을 변형할 수 있도록 해 주었다.

곡선을 설명하는 데 편리한 양 중 하나로 곡률curvature이라는 개념이 있다. 이는 곡선의 휘어짐의 정도를 재는 양이다. 곡선의 곡률은 어떤 입자가 곡선 위를 일정한 속력으로 움직일 때 움직임의 방향이 얼마나 급격하게 변하는지로 정의된다. 직선의 경우는 입자가 직선을 따라 움직일 때 움직임의 방향이 변하지 않으므로 곡률은 0이다. 반면 원의 경우는 입자가 원 위를 일정한 속도로 움직일 때 계속해서 방향이 변하는데 움직임에 따른 방향이 변하는 정도가 일정하기 때문에 모든 점에서 곡률이 같다. 타원의 경우는 x축 방향이 y축 방향보다 긴 경우 그림 58에서 보듯이 x축 근처를 지날 때는 방향이 급격하게 변하나 y축 근처를 지날 때는 방향이 완만하게 변한다. 즉 x축 근처는 곡률이 크고, y축 근처는 곡률이 상대적으로 작다.

곡률원이라는 개념을 이용하면 곡선의 곡률을 시각적으로 살펴볼 수 있다(그림 59). 주어진 곡선의 각 점에 곡선이 휘어진 방향 안쪽으로 그 점에서 곡선의 곡률을 가지는 원을 붙이는 것이다. 원의 곡률은 반지름의 역수이기 때문에 곡선에 붙인 곡률원의 크기로부터 곡률을 짐작할 수 있다. 타원 $\frac{x^2}{4}$ $+ y^2 = 1$을 예로 들어보자. 타원이 y축과 만나는 점은 비교적

평평하여 큰 곡률원을 붙여야 하고, x축과 만나는 점은 많이 휘어져 있기 때문에 작은 곡률원을 붙여야 한다. 곡률원이 y절편에서 x절편으로 타원을 따라 굴러간다면 곡률원이 작아지는 것을 볼 수 있다. 즉 곡률이 증가하는 것이다.

타원과 같이 닫혀 있는 평면 곡선의 곡률에 대해 흥미로운 정리 하나를 소개하겠다.

네 꼭짓점의 정리. 원이 아닌 단순하며 닫혀 있는 평면 곡선은 적어도 네 개의 꼭짓점을 갖는다.

단순한 곡선이란 자기 자신을 만나지 않는다는 뜻이다. 8자형 곡선 같은 경우는 자기 자신을 만나기 때문에 단순 곡선이 아니다. 닫혀 있는 곡선이란 출발점으로 다시 돌아오는 곡선이다. 원이나 타원 같은 것을 생각하면 된다. 마지막으로 꼭짓점이란 곡률이 국소적으로 최대가 되거나 최소가 되는 점이다. 위에서 언급한 타원이 대표적이 예인데, 두 x절편에서 곡률이 최대가 되고, 두 y절편에서 곡률이 최소가 된다. 즉 네 개의 꼭짓점을 갖는다.

닫혀 있는 곡선이 두 개의 꼭짓점만을 갖게 할 수 있을까? 정리에 의하면 그것은 불가능하다고 한다. 만약 그렇게 되려

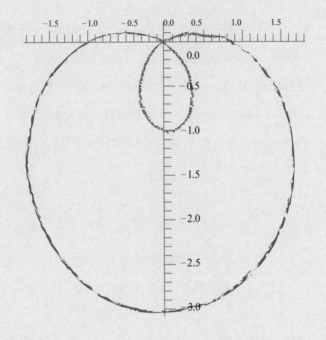

그림 60. 꼭짓점이 두 개만 있는 닫힌곡선.

면 최대 곡률의 점이 하나 있고 최소 곡률의 점이 하나 있어야 한다. 실제로 실험을 해 보면 곡선이 안으로 꼬이는 루프를 만들지 않으면 이것은 불가능함을 알 수 있다(그림 60). 그 경우는 단순 곡선이 아니다.

네 꼭짓점의 정리는 1909년 인도 수학자 시아마다스 무코파디아야Syamadas Mukhopadhyaya(1866~1937)가 강한 볼록 곡선에 대해서 증명하였고, 1912년 독일 수학자 아돌프 네서Adolf Kneser(1862~1930)가 일반적인 경우에 대해 증명하였다. 흥미로운 것은 네 꼭짓점 정리의 역도 성립한다는 것이다. 이는 다음과 같다.

원 위에 정의된 연속 함수가 적어도 두 개의 국소적인 최댓값과 두 개의 국소적인 최솟값을 갖는다면 이 함수를 곡률 함수로 갖는 단순하며 닫혀 있는 평면 곡선이 존재한다.

1971년 미국 수학자 허먼 글럭Herman Gluck은 곡률 함수가 모든 점에서 양수인 경우에 대해서 네 꼭짓점 정리의 역이 성립함을 보였다. 1997년 스웨덴 수학자 비에른 달베르그Björn Dahlberg(1949~1998)는 곡률 함수에 대한 제한 없이 네 꼭짓점 정리의 역이 참임을 증명하였다.

그림 61. 곡률이 모든 점에서 양수인 경우와 곡률의 부호가 섞여 있는 경우.

글럭이 양의 곡률을 가지는 경우 먼저 증명할 수 있었던 것은 일반적으로 곡률의 부호가 양수, 음수로 섞여 있는 경우와 곡률의 부호가 양수이기만 한 경우가 큰 차이가 있기 때문이다(그림 61). 곡률의 부호가 양수가 되면 곡선은 볼록 곡선이 되는데 이때는 사용할 수 있는 좋은 기하학적 방법들이 있다. 반면에 곡률의 부호가 섞여 있는 경우 곡선은 더 이상 볼록 곡선이 아니다.

수학을 즐겨라

수학자로서 일반인들에게 많이 받는 질문 중 하나는 수학 분야에 아직도 연구할 게 남아 있느냐라는 것이다. 처음에는 그 질문이 이상하게 들렸다. 하지만 곰곰이 생각해 보니 그 질문의 의미는 수학이 도대체 무엇을 연구하는 분야인지를 묻는 것 같다. 대부분 12년간 학교에서 배운 수학의 양이 만만치 않음에도 일반인들에게 수학은 여전히 미스터리로 가득한 학문이다.

수학은 여전히 그 어느 때보다도 역동적인 분야다. 오래된 분야들이 새로운 국면을 맞이하여 다시 성장하기도 하고, 서로 다른 분야들이 한 분야로 통합되기도 한다. 또 제기되는 새로운 문제들을 다루기 위해 또 다른 새로운 분야가 생기기도 한다.

가령 위상 수학은 19세기 이전에는 존재하지 않던 분야다. 오일러의 다면체 정리나 쾨니히스베르크 다리 문제에서 사용했던 그래프를 다루던 아이디어들이 위상 수학의 시작이라고 하지만, 위상 수학이 구체적인 모습을 드러낸 것은 19세기 말 프랑스 수학자 앙리 푸앵카레Henri Poincaré(1854~1912)의 연구를 통해서다. 3차원 다면체가 구가 될 조건에 관한 푸앵카레의 예상은 20세기 100년 동안 위상 수학 및 관련 분야의 발전에 크게 기여했다. 이 문제는 2006년 최종적 해결을 보았지만 문제 해결에 사용되었던 방법론은 현재 완전히 새로운 분야를 만들어 또 다른 항해를 하고 있다. 그 항해의 미래를 예측하는 것은 쉽지 않다.

암호의 역사는 상당히 유구하지만 암호론 자체가 수학의 한 분야가 된 것은 컴퓨터와 인터넷 시대를 지나면서 보안 문제가 중요한 관심사로 대두되었기 때문이다. 암호론이 구체적인 모습을 형성할 때 대수학이나 조합론, 정수론 및 이산수학 같은 분야가 큰 역할을 하였다. 예를 들면 페르마의 마지막 정리와의 연관성 때문에 많은 이들의 관심을 받은 타원 곡선이 암호에 사용된 경우다. 타원 곡선을 정의하는 방정식 자체는 고대 그리스 디오판토스의 책에 처음 등장하지만, 19세기에 등장한 군의 개념을 이용한 연구가 가능해지면서 흥미로운 성질들이 발견되었다.

1985년 미국 워싱턴대학교 수학 교수 닐 코블리츠Neal Koblitz와 IBM연구소 연구원 빅터 밀러Victor Miller는 유한체

그림 62. 곡률이 음의 상수인 푸앵카레 원판은 쌍곡기하의 구체적인 모델을 제시한다. 쌍곡기하는 비유클리드 기하학을 대표하는 모델이다. 2000년 동안 서구에서는 유클리드 기하학만이 유일한 기하학적 진리라고 여겨졌다. 19세기에 와서 유클리드의 평행선 공리를 만족하지 않는 기하학이 가능하다는 것이 밝혀졌을 때 많은 사람들이 큰 충격을 받았다.

위에 정의된 타원 곡선 위에서 특정한 점을 찾는 알고리즘이 작동하는 데 상당한 시간이 걸린다는 점을 이용하여 공개키 암호에 사용할 수 있다는 아이디어를 제시하였다. 암호론에 응용되면서 일반인들의 관심을 받았지만 타원 곡선에 대한 연구는 여전히 진행 중이다. 2014년 서울에서 열린 세계수학자대회에서 필즈상을 받은 만줄 바르가바의 주요 업적 중 하나가 타원 곡선에 대한 통계적 연구다.

이 책의 마지막 장에서 미적분학이라는 분야의 아이디어를 약간 소개하였다. 뉴턴과 라이프니츠가 도입한 이 방법론과 관점이 인류 역사에 미친 영향은 아무리 과장해도 지나치지 않을 것 같다. 자연 현상이나 사회 현상을 모델링하기 위해서는 모델을 구성하는 적절한 함수를 찾는 것이 핵심적인 문제인데, 미분법의 도움으로 미분방정식을 이용한 모델링이 가능해졌다. 이때 이 미분방정식을 만족하는 함수를 찾아서 주어진 현상을 설명할 수 있을 뿐 아니라 추후에 일어날 결과도 예측할 수가 있다.

간단한 예로 자유 낙하하는 물체의 운동을 생각해 보자. 지면 위 적당한 높이에 있는 물체는 지탱하는 힘이 없다면 중력의 영향으로 일정한 크기로 가속되어 낙하할 것이다. 이때 가속도라는 것이 바로 속도의 미분이다. 속도의 미분이 일정한 값이라면 속도는 일차함수라는 것을 알 수 있다. 이것을 이용하면 가령 하늘 높이 쏘아 올린 화살이 언제 땅에 떨어질지 예측할 수 있다.

미적분법의 도입 이후 다양한 현상들을 설명하는 미분방정식들이 등장하였다. 유체나 공기의 흐름을 설명하는 나비에 – 스토크스Navier-Stokes* 방정식을 예로 들어보자. 이 방정식은 제트기나 자동차를 설계하는 사람들에게 아주 중요한 방정식이다. 공기 중에서 또는 물속에서 움직이는 물체는 공기나 물의 저항을 받게 되어 있는데 이 저항을 최소화하기 위해 적절한 디자인을 해주어야 한다. 설계한 제트기나 자동차가 실제로 공기의 저항을 어떻게 받는지 컴퓨터 시뮬레이션을 할 때 나비에 – 스토크스 방정식은 핵심적인 역할을 한다. 이 방정식은 수학적으로도 큰 관심의 대상인데, 단순한 물리학의 법칙에서 자연스럽게 유도되는 방정식임에도 방정식을 만족하는 해에 대한 이해가 쉽지 않기 때문이다. 2000년 클레이수학연구소(Clay Mathematics Institute: CMI)가 특별히 선정한 7개 밀레니엄 문제 중 하나가 나비에 – 스토크스 방정식에 관한 것이다.

미분방정식은 금융 시장을 이해하는 데도 중요한 역할을 한다. 블랙 – 숄즈Black-Scholes 모델이라는 파생 투자 기법을 다루는 수학적 모델은 블랙 – 숄즈의 미분방정식에 근거를 두

● 프랑스의 공학자이자 물리학자 클로드 루이 나비에Claude Louis Navier(1785~1836)와 영국의 수학자이자 물리학자 조지 스토크스 George Stokes(1819~1903)가 처음 소개하였다.

고 있다. 여기서 등장하는 미분방정식은 전통적인 미분 개념에 확률을 고려하여, 한층 더 일반적으로 확장할 수 있는 일종의 확률미분방정식이다. 오늘날 금융 수학이라 부르는 분야에서 이 방법론은 핵심을 이룬다. 미국의 경제학자 마이런 숄즈 Myron Scholes는 이 공로로 1997년 노벨경제학상을 받았다(경제학자 피셔 블랙Fischer Black은 안타깝게도 1995년 사망하여 이 상을 받을 수가 없었다).

미적분학의 아이디어는 기하학을 연구하는 방법에도 지대한 영향을 주었다. 수학사에서 오랜 세월 기하학을 연구하는 법은 유클리드의 구성적 방법을 따랐다. 기하학 연구에 변화가 생기기 시작한 것은 사영기하학을 통해서다. 사영기하학은 르네상스 시대의 화가들이 3차원 대상을 평면에 옮기기 위해 고안했던 원근법의 영향으로 탄생하였다. 투시를 통하여 변하지 않는 기하학적 성질이 무엇인지를 묻는 것이 사영기하학의 출발이 되었다.

사영기하학은 프랑스의 수학자 가스파르 몽주Gaspard Monge(1746~1818)나 장빅터 퐁슬레Jean-Victor Poncelet(1788~1867)의 손을 거치면서 본격적인 기하학의 분야로 형태를 갖추게 되었다. 사영기하학이 가져온 변화는 19세기 독일의 수학자 펠릭스 클라인Felix Klein(1849~1925)이 대칭군의 개념을 기하학

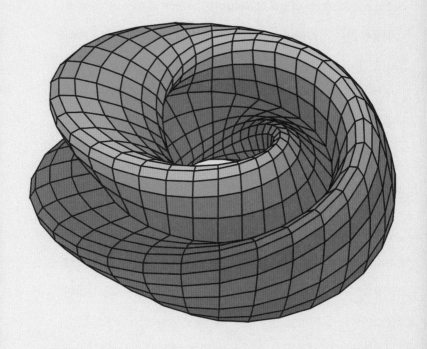

그림 63.   1882년 펠릭스 클라인이 처음 도입한 클라인 병은 물을 담을 수 없는 병이
다. 입구가 다시 바닥이 되는 병이기 때문이다. 즉 안과 밖의 구분이 없다. 클라인 병은 두
개의 뫼비우스 띠를 경계를 따라 서로 붙이면 얻을 수 있다. 뫼비우스 띠는 원을 경계로
갖는 안과 밖의 구분이 없는 곡면이다. 따라서 구면에 구멍을 내고 뫼비우스 띠 하나를
붙이면 안과 밖의 구분이 없는 닫힌 곡면을 만들 수 있다. 클라인 병 위에 그려진 임의의
지도를 경계를 공유한 영역이 구분되도록 색칠하려면 적어도 6가지의 색이 필요하며 사
실상 6가지 색이면 충분하다는 것이 알려져 있다. (ⓒ Krishnavedala)

연구에 도입하면서 더 큰 도약으로 이어졌다. 가령 유클리드 기하학에서 평면상의 도형을 다룰 때 허용되는 평행 이동, 회전, 대칭 이동은 군을 형성한다. 클라인의 관점에 따르면 이 군 자체가 유클리드 기하학의 고유한 특성을 정해 준다는 것이다. 유클리드 기하학의 변환군에 대해서 변하지 않는 것, 즉 두 점 사이의 거리나 각 같은 것이 유클리드 기하학에서 보존되어야 하는 양이다. 투사를 통해 도형의 변형을 살펴보는 사영기하학에서는 이들 양이 보존되지 않는데 사영기하학의 변환군이 유클리드 기하학의 변환군과 다르기 때문이다.

이와는 별도로 17세기에 데카르트가 도입한 직교좌표 또한 기하학 연구에 혁명적인 변화를 가져왔다. 유클리드의 구성적인 방법이 아니라 곡선을 정의하는 대수방정식에 대한 대수적 연구를 통해 기하학적 문제를 해결할 수 있는 길을 열어 준 것이다. 이 혁명은 두 가지 서로 다른 길을 가게 된다.

하나는 미적분학을 이용하는 방법이다. 데카르트의 좌표계를 이용하여 기하학적 대상을 다루기 위해 그 위에 정의된 함수를 분석함으로써 의미 있는 기하학적 정보를 얻는 것이다. 5장에서 소개한 곡률 같은 것이 그 예라고 할 수 있다. 비단 곡선뿐 아니라 3차원 공간에 정의된 곡면에 대해서도 같은 방법을 이용할 수 있다.

이러한 관점이 발전하여 생긴 분야가 미분기하학이다. 가우스, 리만 등이 이 분야를 개척한 대표적 수학자다. 5장에서 소개한 극소곡면에 대한 연구도 미분기하학이라는 분야 덕분에 가능해진 것이다. 미분기하학은 20세기의 대표적 수학 분야라 할 수 있다. 앞서 언급한 푸앵카레의 예상을 해결한 방법론인 곡률의 흐름을 이용하는 기술도 미분기하학에서 나왔다.

데카르트의 좌표계가 기하학을 이끈 또 다른 길은 이른바 대수기하학이라는 분야다. 대수기하학의 시작은 유클리드의 시대까지 거슬러 올라간다. 당시 유클리드의 구성적인 방법을 통해 원추곡선을 연구하던 것이 그 시작이라고 볼 수 있다. 데카르트의 좌표계가 가져온 변화는 곡선 자체보다 곡선을 정의하는 대수방정식에 대한 연구로 초점을 전환하는 것이다. 이때 이 대수방정식이 지닌 대수적 성질을 이해함으로써 곡선들을 분류하거나 특징들을 밝혀낼 수 있다.

대수기하학은 앞서 언급한 사영기하학이나 클라인의 관점으로부터 의미 있는 영양분을 공급받으며 급속히 성장하였다. 19세기 동안 이루어진 추상대수학의 급격한 발전은 대수기하학의 대수적 방법론을 한층 더 심화시켰다. 대수기하학은 오늘날 아주 활발한 수학 분야다. 일본은 현재까지 세 명의 필즈상 수상자를 배출하였는데, 고다이라 구니히코, 히로나카 헤이스케, 모리 시게후미가 그들이다. 이들 모두 대수기하학에서의 업적으로 수상했다. 2018년 필즈상의 수상자 중 한 사람인 코체르 비르카르Caucher Birkar●도 미니멀 모델 프로그램이라는 현대 대수기하학의 중요한 문제에 대한 기여로 수상했다.

잠시 몇 개의 분야를 살펴보았지만 수학의 분야는 너무나 다양하고 오늘날 아주 빠른 속도로 변하고 있기 때문에 각 분야에 대한 만족스러운 조망은 불가능할 것이다. 아마도 가장 활발한 분야 하나를 선택하여 최근에 어떤 일들이 이루어지고 있고 다른 분야들과 어떤 교류가 이루어지고 있는지 살펴보는 것도 한 가지 방법이 될 것 같다. 전문적인 수학 분야가 아니라도 일반인들이 즐길 수 있는 수학 퍼즐도 상당히 많다. 언제든지 재미있어 보이는 문제로 시작을 해 볼 수 있다. 사소해 보이는 퍼즐 문제가 사실은 아주 깊은 수학으로 이어지는 것을 종종 볼 수 있다. 그런 점에서 수학은 언제나 우리를 놀라게 하며 동시에 즐겁게 한다.

AI 시대라고 불리는 요즈음 수학은 다시 한 번 부담스러운 주목을 받는 것 같다. 기계 학습이라 불리는 데이터 과학에 있어서 핵을 이루는 방법론은 수학이나 통계학 없이는 불가능

● 비르카르는 이란 출신 쿠르드족 난민으로 이란과 이라크 경계 지역에서 전쟁을 겪었고 이후 테헤란대학교를 졸업했다. 공부하던 중 영국에 난민 신청을 해 노팅엄대학교에서 석사, 박사 학위를 받았으며 현재 케임브리지대학교 교수다.

하기 때문이다. 아주 전문적인 수학적 지식도 필요하지만 이 분야에서 요구하는 소양은 수학적 통찰과 이해, 사고력인 것 같다. 이 책을 시작하면서도 강조했지만 수학은 먼저 즐거움의 대상이 되어야 할 것 같다. 즐거울 때 우리는 배울 수 있고, 마음으로 배울 수 있을 때 성장할 수 있다. 이렇게 얻어진 깊은 이해야말로 창의성을 발휘할 수 있는 토대이며 동시에 새로운 시대를 열 수 있는 기회로 이어진다고 믿는다.